新型农民学历教育系列教材

蔬菜病虫害防治

主　编

刘海河　张彦萍

副主编

武占会　高洪波　樊建民

编著者

（按姓氏笔画排列）

王　梅　田景华

刘海河　张广华　张彦萍

武占会　高洪波　樊建民

金盾出版社

内 容 提 要

　　本书是"新型农民学历教育系列教材"的一个分册,由河北农业大学组织农业专家编著。内容包括:蔬菜病虫害防治基础、病虫害发生特点、主要农药种类及性质、各类蔬菜主要病虫害的识别及防治技术等10章。本书具有必要的基础理论,内容全面系统,技术先进,实用性强,语言简洁,通俗易懂,既适合"一村一名大学生工程"两年制专科学生使用,也可作为新时期农村干部和大学生村官培训教材,还可作为基层农业技术人员和蔬菜生产者的农业实用技术参考读物。

图书在版编目(CIP)数据

　　蔬菜病虫害防治/刘海河,张彦萍主编 . —北京:金盾出版社,
2009.3(2019.3 重印)
　　(新型农民学历教育系列教材)
　　ISBN 978-7-5082-5531-6

　　Ⅰ.①蔬…　Ⅱ.①刘…②张…　Ⅲ.①蔬菜—病虫害防治方法—教材　Ⅳ.①S436.3

　　中国版本图书馆 CIP 数据核字(2009)第 013704 号

金盾出版社出版、总发行

北京太平路 5 号(地铁万寿路站往南)
邮政编码:100036　电话:68214039　83219215
传真:68276683　网址:www.jdcbs.cn
北京军迪印刷有限责任公司印刷、装订
各地新华书店经销

开本:850×1168 1/32　印张:8.25　字数:197 千字
2019 年 3 月第 1 版第 14 次印刷
印数:67 001~71 000 册　定价:25.00 元

(凡购买金盾出版社的图书,如有缺页、
倒页、脱页者,本社发行部负责调换)

序　言

新世纪新阶段,党中央、国务院描绘出了建设社会主义新农村的宏伟蓝图,这是落实科学发展观,构建和谐社会,全面建设小康社会的伟大战略部署,也为我们高等农林院校提供了广阔的用武之地。以科技、人才、技术为支撑,全面推进社会主义新农村建设的进程是我们肩负的神圣历史使命,责无旁贷。

我国是一个农业大国,全国 64％的人口在农村,据统计,现有农村劳动力中,平均每百个劳动力,文盲和半文盲占 8.96％,小学文化程度占 33.65％,初中文化程度占 46.05％,高中文化程度占 9.38％,中专程度占 1.57％,大专及以上文化程度占 0.40％;而接受高等农业教育的只有 0.01％,接受农业中等专业教育的有 0.03％,接受过农业技术培训的有 15％。农村劳动力的科技、文化素质低下,严重地制约了农业新技术、新成果的推广转化,延缓了农业产业化和产业结构调整的步伐,进而影响了建设社会主义新农村的进程。国家强盛基于国民素质的提高,国民素质的提高源于教育事业的发达,解决农民素质较低和农业科技人才缺乏的问题是当前教育事业发展、人才培养的一项重要工作。农村全面实现小康社会,迫切需要在政策和资金等方面给予倾斜的同时,还特别需要一批定位农村、献身农业并接受过高等农业教育的高素质人才。

我国现有的高等教育(包括高等农业教育)培养的高级专门人才很难直接通往农村。如何为农村培养一批回得去、留得住、用得上的实用人才,是我一直在思考的问题。经过反复论证,认真分析,我校提出了实施"一村一名大学生工程"的设想,经教育部、河北省教育厅批准,2003 年我校开始着手实施"一村一名大学生工程",培养来自农村、定位农村、懂农业科技、了解市场、为农村和农业经济直接服务、带领农民致富的具有创新创业精神的实用型技术人才。

实施"一村一名大学生工程"是高等学校直接为农村培养高素质带头人的特殊尝试。由于人才培养目标的特殊指向性,在专业选择、课程设置、教材配备等方面必然要有很强的针对性。经过几年的教学探索,在总结教学经验的基础上,2006年我校组织专家教授为"一村一名大学生工程"相关专业编写了六部适用教材。第二期十八部教材以"新型农民学历教育系列教材"冠名出版,它们是《实用畜禽繁殖技术》、《畜禽营养与饲料》、《实用毛皮动物养殖技术》、《实用家兔养殖技术》、《家畜普通疾病防治》、《设施果树栽培》、《果树苗木繁育》、《果树病虫害防治》、《蔬菜病虫害防治》、《现代蔬菜育苗》、《园艺设施建造与环境调控》、《蔬菜育种与制种》、《农村土地管理政策与实务》、《农村环境保护》、《农村事务管理》、《农村财务管理》、《农村政策与法规》和《农村实用信息检索与利用》。

本套教材坚持"基础理论必须够用,使用语言通俗易懂,强化实践操作技能,理论密切联系实际"的编写原则。它既适合"一村一名大学生工程"两年制专科学生使用,也可作为新时期农村干部和大学生农业培训教材,同时又可作为农村管理人员、技术人员及种养大户的重要参考资料。

该套教材的出版,将更加有利于增强"一村一名大学生工程"教学工作的针对性,有利于学生掌握实用科学知识,进一步提高自身的科技素质和实践能力,相信对"一村一名大学生工程"的健康发展以及新型农民的培养大有裨益。

河北农业大学校长 王志刚

2008年9月

前　言

　　进入 21 世纪以来，我国农业生产迅速发展，农业新理论、新知识、新技术也不断涌现。为了适应我国农业发展的新形势，面向广大农村培养素质高、知识面宽、动手能力强、适应快的农业技术人员，经教育部、河北省教育厅批准由河北农业大学实施的"一村一名大学生工程"的重要任务。

　　《蔬菜病虫害防治》是为实施"一村一名大学生工程"的需要而编写的系列教材之一。在 21 世纪高等农林教育改革精神的指导下，河北农业大学根据"一村一名大学生工程"专业培养目标和培养规格的要求，组织有丰富教学经验的教师和具有丰富实践经验的农业科技工作者编写了本教材。编著者在融会植物病理学和农业昆虫学各研究领域的新进展、新概念、新思路的基础上，拓宽教材的专业面，增强应用性和实用性；在注重基础理论教育的同时，特别强调提高实际应用能力。

　　《蔬菜病虫害防治》共分 10 章，各章的编写人员分工如下：刘海河编写第一章蔬菜病虫害防治基础；张彦萍编写第二章蔬菜病虫害发生特点及防治技术；武占会编写第三章蔬菜常用农药及科学使用；高洪波编写第四章苗期病虫害；张广华编写第五章茄科蔬菜病虫害；樊建民编写第六章葫芦科蔬菜病虫害；张彦萍编写第七章豆科蔬菜病虫害；刘海河编写第八章十字花科蔬菜病虫害；田景华编写第九章葱蒜类病虫害；王梅编写第十章绿叶类蔬菜病虫害。

　　本教材的编写，力求内容全面系统，语言简洁，通俗易懂，理论联系实际,强化实践技能,使它既适合"一村一名大学生工程"两年制专科学生使用,也可作为其他高职院校同类专业教材使用,还可作为农业技术人员和蔬菜生产者重要的参考用书。

本书在编写过程中,得到了诸多专家的支持、指导和帮助,同时参考了众多编著者的文献资料,在此一并衷心表示谢忱。

由于编著者水平所限,书中难免出现疏漏或错误之处,敬请广大读者批评指正。

编著者

2008 年 12 月

目　录

第一章　蔬菜病虫害防治基础 ……………………………（1）

第一节　蔬菜病理学基础 ……………………………………（1）

一、病原类型 ………………………………………………（2）

二、症状 ……………………………………………………（5）

三、侵染过程和侵染循环 …………………………………（6）

第二节　蔬菜昆虫学基础 ……………………………………（8）

一、昆虫的外部形态 ………………………………………（8）

二、昆虫的生物学特性 ……………………………………（10）

三、常见的昆虫目 …………………………………………（15）

第二章　蔬菜病虫害发生特点及防治技术 ………………（18）

第一节　蔬菜病虫害发生特点 ………………………………（18）

一、蔬菜病虫害危害现状 …………………………………（18）

二、蔬菜病虫害防治中存在的问题 ………………………（20）

第二节　蔬菜病虫害的综合防治 ……………………………（22）

一、蔬菜病虫害的防治方针 ………………………………（22）

二、蔬菜病虫害的防治技术 ………………………………（23）

第三章　蔬菜常用农药及科学使用 ………………………（29）

第一节　农药的科学使用 ……………………………………（29）

一、农药的使用原则 ………………………………………（29）

二、农药的剂型 ……………………………………………（31）

三、农药的使用方法 ………………………………………（34）

四、蔬菜生产中禁用的农药种类 …………………………（36）

第二节　常用农药的种类 ……………………………………（38）

一、杀虫剂 …………（38）　　二、杀螨剂 ………（47）

三、杀菌剂 ………（49）　　四、杀线虫剂 ………（56）

第四章　蔬菜苗期病虫害 ………………………（59）

第一节　病害 ………………………………………（59）

一、苗期侵染性病害 …………………………………（59）

二、苗期生理病害 ……………………………………（62）

第二节　虫害 ………………………………………（63）

1. 蝼蛄 ………（63）　　3. 地老虎 ………（68）

2. 蛴螬 ………（66）

第五章　茄科蔬菜病虫害 ………………………（72）

第一节　病害 ………………………………………（72）

1. 番茄病毒病 ………（72）　　15. 辣（甜）椒疫病

2. 番茄叶霉病 ………（74）　　　　………（90）

3. 番茄早疫病 ………（76）　　16. 辣（甜）椒炭疽病

4. 番茄晚疫病 ………（77）　　　　………（92）

5. 番茄灰霉病 ………（79）　　17. 辣（甜）椒叶枯病

6. 番茄青枯病 ………（80）　　　　………（93）

7. 番茄枯萎病 ………（82）　　18. 辣（甜）椒灰霉病

8. 番茄溃疡病 ………（83）　　　　………（94）

9. 番茄脐腐病 ………（84）　　19. 辣（甜）椒软腐病

10. 番茄畸形果 ………（85）　　　　………（96）

11. 番茄裂果病 ………（86）　　20. 辣椒疮痂病 ………（96）

12. 番茄 2,4-D 药害　　　　21. 甜（辣）椒日灼病

　　………（87）　　　　………（98）

13. 番茄果实筋腐病　　　22. 茄子黄萎病 ………（99）

　　………（88）　　　　23. 茄子绵疫病 …（100）

14. 辣（甜）椒病毒病　　　24. 茄子褐纹病 …（101）

　　………（88）　　　　25. 茄子灰霉病 …（103）

第二节　虫害 ………………………………………（105）

1. 棉铃虫 ……… （105）　　5. 美洲斑潜蝇 …… （114）

2. 烟青虫 ……… （108）　　6. 二十八星瓢虫

3. 朱砂叶螨 …… （110）　　　………………… （117）

4. 茶黄螨 ……… （112）

第六章　葫芦科蔬菜病虫害…………………… （121）

　第一节　病害……………………………………… （121）

　　1. 黄瓜霜霉病 …… （121）　　14. 黄瓜氨气毒害

　　2. 黄瓜白粉病 …… （124）　　　………………… （141）

　　3. 黄瓜枯萎病 …… （126）　　15. 黄瓜低温障碍

　　4. 黄瓜疫病 ……… （127）　　　………………… （142）

　　5. 黄瓜细菌性角斑病　　　16. 黄瓜蔓徒长 … （142）

　　　………………… （128）　　17. 黄瓜降落伞状叶

　　6. 黄瓜炭疽病 …… （130）　　　………………… （143）

　　7. 黄瓜蔓枯病 …… （132）　　18. 黄瓜急性萎蔫症

　　8. 黄瓜灰霉病 …… （133）　　　………………… （143）

　　9. 黄瓜黑星病 …… （134）　　19. 西葫芦病毒病

　　10. 黄瓜菌核病 … （136）　　　………………… （144）

　　11. 黄瓜根结线虫病　　　20. 西葫芦白粉病

　　　………………… （137）　　　………………… （146）

　　12. 黄瓜花打顶 … （139）　　21. 西葫芦灰霉病

　　13. 黄瓜畸形瓜和　　　　………………… （147）

　　　苦味瓜 ……… （140）

　第二节　虫害………………………………………… （149）

　　1. 瓜蚜 ………… （149）　　3. 黄守瓜 ……… （154）

　　2. 温室白粉虱 … （151）　　4. 瓜绢螟 ……… （155）

第七章　豆科蔬菜病虫害…………………………… （158）

　第一节　病害………………………………………… （158）

　　1. 菜豆锈病 …… （158）　　2. 菜豆炭疽病 …… （159）

3. 菜豆根腐病 …… (160)　　8. 菜豆病毒病 …… (165)

4. 菜豆枯萎病 …… (161)　　9. 菜豆灰霉病 …… (166)

5. 菜豆细菌性疫病　　　　10. 豇豆锈病 …… (167)

　　　　…………… (163)　　11. 豇豆病毒病 …… (168)

6. 菜豆角斑病 …… (164)　　12. 豇豆煤霉病 … (169)

7. 菜豆白绢病 …… (164)

第二节　虫害………………………………………… (170)

1. 豆蚜 ………… (170)　　6. 蚕豆象 ………… (179)

2. 豌豆潜叶蝇 … (172)　　7. 白条芫菁 …… (180)

3. 豆荚螟 ……… (174)　　8. 蜗牛 ………… (182)

4. 豆野螟 ……… (175)　　9. 野蛞蝓 ……… (183)

5. 豌豆象 ……… (177)

第八章　十字花科蔬菜病虫害……………………… (186)

第一节　病害………………………………………… (186)

1. 大白菜病毒病　　　　　　 …………… (193)

　　 …………… (186)　　8. 大白菜干烧心病

2. 大白菜霜霉病　　　　　　 …………… (194)

　　 …………… (187)　　9. 甘蓝黑腐病 …… (195)

3. 白菜软腐病 …… (188)　　10. 甘蓝黑根病 … (196)

4. 白菜黑斑病 …… (190)　　11. 甘蓝黑胫病 … (197)

5. 大白菜白斑病　　　　　　12. 甘蓝菌核病 … (198)

　　 …………… (191)　　13. 甘蓝软腐病 … (200)

6. 大白菜炭疽病　　　　　　14. 萝卜病毒病 … (201)

　　 …………… (192)　　15. 萝卜黑腐病 … (201)

7. 大白菜根肿病　　　　　　16. 萝卜根肿病 … (202)

第二节　虫害………………………………………… (203)

1. 菜蚜 ………… (203)　　3. 菜粉蝶 ……… (208)

2. 菜蛾 ………… (205)　　4. 甘蓝夜蛾 …… (210)

5. 斜纹夜蛾 ……… (212)　　8. 黄条跳甲 ……… (216)

6. 甜菜夜蛾 ……… (213)　　9. 猿叶虫 ………… (218)

7. 菜螟 ………… (215)

第九章　葱蒜类病虫害…………………………………(221)

第一节　病害………………………………………………(221)

1. 葱类霜霉病 …… (221)　　3. 韭菜灰霉病 …… (223)

2. 葱紫斑病 ……… (222)　　4. 韭菜疫病 ……… (225)

第二节　虫害………………………………………………(226)

1. 葱蓟马 ………… (226)　　3. 韭蛆 …………… (229)

2. 葱蚜 …………… (228)　　4. 地蛆 …………… (231)

第十章　绿叶类蔬菜病虫害……………………………(235)

第一节　病害………………………………………………(235)

1. 芹菜病毒病 …… (235)　　　　　　　　 …… (239)

2. 芹菜早疫病 …… (235)　　7. 莴苣霜霉病 …… (240)

3. 芹菜斑枯病 …… (237)　　8. 莴苣菌核病 …… (241)

4. 芹菜软腐病 …… (238)　　9. 菠菜霜霉病 …… (242)

5. 芹菜菌核病 …… (239)　　10. 蕹菜白锈病 … (242)

6. 芹菜根结线虫病

第二节　虫害………………………………………………(244)

1. 莴苣蚜 ………… (244)　　3. 蟋蟀 …………… (246)

2. 菠菜潜叶蝇 …… (245)

第一章　蔬菜病虫害防治基础

第一节　蔬菜病理学基础

植物病害一般是指在植物生长、发育、贮藏、运输的过程中受到外界不良环境因素的影响或有害生物的侵染，使其在生理和形态上发生了一系列的变化，而使植物的经济价值降低。这种变化，即称为病害。

植物病害按照发病的原因可分为非侵染性病害和侵染性病害两种类型：非侵染性病害是由非生物性病原引起的，它包括各种不适宜的环境条件，如干旱、水涝、日灼、冷冻、营养失调、盐碱等，这类病害不相互传染，也不表现病征，因此又叫非传染性病害或生理性病害；侵染性病害是由生物性的病原寄生在植物上引起的，这些寄生物叫病原物，简称病原，被寄生的植物叫寄主。侵染蔬菜的病原物主要有真菌、细菌、病毒、线虫和寄生性种子植物等。由病原物侵染所引起的病害是可以传染的，能够在田间传播、扩散、蔓延，因而又叫传染性病害或非生理性病害。

病害的发生，一般包含了寄主植物、病原物在一定环境条件下互相斗争的复杂过程。当环境条件有利于植物而不利于病原物时，植物不发生病害；而当环境不利于植物而有利于病原物时，植物病害才能形成。

一、病原类型

（一）真 菌

真菌是具有真核和细胞壁的异养生物。在蔬菜病害中,真菌性病害的种类最多,占全部病害的 70% 以上。真菌典型的营养体是菌丝体,而它们的繁殖体是各种类型的孢子。真菌是一类不含叶绿素,没有根、茎、叶分化的真核生物。

1. 真菌的营养体 真菌的营养体除少数低等类型为单细胞外,大多是由纤细管状菌丝构成的菌丝体。低等真菌的菌丝无隔膜,高等真菌的菌丝都有隔膜,前者称为无隔菌丝,后者称有隔菌丝。菌丝多数无色,少数呈褐色。真菌的营养体在生长发育的不同阶段或环境不适宜时,会发生形态上的变化,这对真菌的繁殖、传播或度过不良环境有重要的作用。常见的变态有:①吸器,由菌丝转化而成;②菌核,由许多菌丝交织而成;③子座,是由菌丝形成的一种垫状组织;④根状菌索,是由许多菌丝纠结而成的绳索状结构;⑤假根,是由菌丝转化形成的根状结构。

2. 真菌的繁殖体 真菌典型的繁殖方式是产生各种类型的孢子。真菌通过产生无性孢子进行无性繁殖,无性孢子是从营养体上直接产生或者由菌丝分化形成的孢子梗和产孢细胞产生的。常见的无性孢子有厚垣孢子、孢囊孢子、游动孢子和分生孢子。有性繁殖是由菌丝分化产生性器官即配子囊,通过雌雄配子囊结合形成有性孢子。真菌通过有性繁殖产生 4 种类型的有性孢子:卵孢子、接合孢子、子囊孢子和担孢子。在真菌中,产生孢子的菌丝体叫子实体,如分生孢子器、分生孢子盘、子囊果等。

3. 真菌的生活史 是指真菌从一种孢子萌发开始,经过生长发育,最后产生同一种孢子为止的过程。真菌典型的生活史包括无性和有性两个阶段。真菌孢子萌发长出芽管,芽管不断地伸长、分枝成为菌丝,菌丝生长到一定时期,分化出无性繁殖器官,产生无性孢子。到寄主作物生长后期,环境条件不再适于真菌的生长时,真菌就形成有性生殖器官,产生有性孢子。

4. 真菌的主要类群 真菌种类很多,分布非常广泛。真菌属于菌物界真菌门。真菌门分为以下 5 个亚门:

鞭毛菌亚门,常见的有根肿菌属引起白菜根肿病,腐霉属引起黄瓜、茄子等绵腐病,疫霉属引起番茄晚疫病、马铃薯晚疫病和辣椒疫病,霜霉属真菌引起各种蔬菜霜霉病。

接合菌亚门真菌,如南瓜软腐病菌。

子囊菌亚门真菌,常见的有引起桃缩叶病的外囊菌目、引起瓜类白粉病的白粉菌目和引起茄子褐纹病的球壳菌目等。

担子菌亚门真菌,常见的有引起菜豆锈病的锈菌目和引起小麦散黑穗病的黑粉菌目。

半知菌亚门真菌,常见的有引起番茄早疫病、黄瓜枯萎病、番茄灰霉病等的丛梗孢目,引起辣椒炭疽病的黑盘孢目,引起芹菜斑枯病、茄子褐纹病等的球壳孢目,引起蔬菜立枯病的无孢目真菌。

(二)细 菌

植物的细菌病害,在数量上和危害程度上不如真菌和病毒病害。细菌是属于原核生物界的单细胞生物,有细胞壁,无固定的细胞核。植物病原细菌都是短杆状的,大小为 1～3 微米×0.5～0.8 微米。细菌以裂殖的方式进行繁殖,在 26℃～30℃ 的适宜条件下,大约 20 分钟分裂 1 次。植物病原细菌可分为以下 5 个属:

假单胞杆菌属,如引发辣椒青枯病、茄子青枯病、番茄青枯病、马铃薯青枯病和黄瓜细菌性角斑病等的细菌。

黄单胞杆菌属,如引发菜豆细菌性疫病、姜瘟病和辣椒疮痂病等的细菌。

欧氏杆菌属,如引发大白菜软腐病和辣椒软腐病等的细菌。

野杆菌属,如苹果毛根病菌。

棒杆菌属,如马铃薯环腐病菌。

（三）植物病毒

植物病毒病害,在生产上是仅次于真菌的病害。各种蔬菜都会受到一种或几种病毒的侵染,给生产造成巨大的损失。病毒是一类非细胞状态的分子生物,一个完整的病毒颗粒叫病毒粒体。它非常小,在普通光学显微镜下根本看不见,只有在电子显微镜下才能看清楚。它主要侵染种子、无性繁殖材料、寄主植物、生物介体及病株残体。植物病毒的传播途径如下。

1. 介体传染 病毒的自然传播多数依靠昆虫、菟丝子等介体,其中以刺吸式口器的昆虫最为突出,像西葫芦病毒病、番茄花叶病、辣椒病毒病主要靠蚜虫传播。

2. 汁液接触传染 田间进行的许多农事活动都可以传染病毒病。另外,叶片间的互相摩擦,会使病毒通过轻微的伤口传播。

3. 嫁接传染 许多病毒病是通过嫁接传染的。

（四）植物寄生线虫

线虫又称蠕虫,是一类低等动物。寄生植物的线虫有数百种之多。植物寄生线虫通常为雌雄异体,大多数是雌雄同形,少数为雌雄异形。线虫头部的口腔内有吻针,用以穿刺植物体和吸食。线虫的生活史包括卵、幼虫和成虫 3 个阶段,幼虫共有 4 个龄期。寄生线虫多数以幼虫随病残体在土壤中越冬,少数以卵在母体内越冬。线虫的危害除了吻针的机械损伤外,主要是它分泌的多种酶和毒素会造成各种病变,如北方根结线虫造成黄瓜、番茄和茄子的线虫病。

（五）寄生性种子植物

寄生性种子植物都是双子叶植物。菟丝子是寄生于植物地上部的全寄生植物,叶片退化成鳞片状,不含叶绿素。它的藤茎丝状、黄白色或者稍带紫红色;花很小,白色、黄色或粉红色。菟丝子茎的每一个片段,只要和寄主接触,就可以继续生长分枝,扩大蔓延为害。菟丝子还能传播病毒。所以,田间一旦发现菟丝子,要将它和寄主一起拔除销毁。

二、症 状

植物感病以后,一切不正常的外部表现称为症状。它包括病状和病征两个方面。

(一)病状及其类型

病状是指感病植物本身所表现的不正常状态。植物病害的病状归纳起来,有以下几种类型。

1.变色 植物受害后局部或全部失去正常的绿色,称为变色,如褪绿、黄化、红叶、花叶等。

2.坏死 它表现为植物局部细胞和组织的死亡。常见的有斑点、穿孔、猝倒和立枯。坏死还表现为溃疡和疮痂的症状。坏死现象一般不改变植物原来的结构。

3.腐烂 是指在细胞或组织坏死的同时,伴随着组织结构的被破坏和分解。按照腐败组织的质地分为干腐、湿腐和软腐3种。

4.萎蔫 是指植物由于失水导致枝叶凋萎下垂的一种现象,通常是全株性的。

5.畸形 植物被侵染后,细胞数目增多或减少,体积增大或变小,导致局部或全株呈畸形。畸形的表现类型很多,如矮化、丛枝。此外,还有皱叶、簇叶、扁枝、叶片肥厚和扭曲等。畸形的病状在病毒病中较为常见。

(二)病征及其类型

植物发病后,除表现以上的病状外,在发病部位往往伴随着出现各种病原物形成的特征性结构,叫病征。只有真菌和细菌病害才有病征出现。常见的病征有下面几种。

1.霉状物 霉是真菌性病害常见的病征。不同的病害,霉层的颜色、结构、疏密等变化较大,可分为霜霉、黑霉、灰霉、青霉、白霉等。

2. 粉状物 粉状物是某些真菌孢子密集地聚集在一起所表现的特征。根据颜色的不同,又可分为白粉、锈粉、黑粉等。

3. 粒状物 病菌常在病部产生一些大小、形状、颜色各异的粒状物。这些粒状物,有的着生在寄主的表皮下,部分露出,不易与寄主组织分离,如真菌的分生孢子盘、分生孢子器、子囊壳、子座等;有的则长在寄主植物表面,如白粉菌的闭囊壳、菌核等。

4. 脓状物 这是细菌特有的特征性结构。在病部表面溢出含有许多细菌和胶质物的液滴,称为菌脓或菌胶团。

症状是识别病害的重要依据。病征一般在植物发病的后期才出现,气候潮湿有利于病征的形成。多数病害的症状都具有相对的稳定性。但症状的表现也不是固定不变的,例如花叶常伴随着器官的畸形。因此,对某些病害特别是不常见的病害,不能单凭症状进行识别,更不能只根据一般症状下结论,必要时应进行病原的鉴定。

三、侵染过程和侵染循环

(一)侵染过程

侵染过程是指病原物在寄主植物的感病部位从接触开始,在适宜的环境条件下侵入植物,并在植物体内扩展蔓延,最后引起植物发病的过程。侵染过程可分为接触期、侵入期、潜育期和发病期4个阶段。

1. 接触期 又称侵染前期,是指病原物的繁殖体以各种方式到达植物体表面,并与植物的感病部位接触的时期,如真菌的孢子、细菌的菌体等可以通过气流、雨水以及各种生物带到植物体表。

2. 侵入期 是指病原物从寄主体表进入体内,与寄主建立寄生关系的一段时期。病原物在寄主体外,可以直接穿过植物表皮的角质层,或者通过植物的自然孔口以及伤口侵入。各种病原物都有一定的侵入途径。病毒只能从微伤口侵入;细菌能从伤口和自然孔口侵入;真菌可从伤口、自然孔口侵入,也能穿透植物表皮直接侵入,如线虫、寄生性种子植物可直接侵入。

3. 潜育期　是指病原物与寄主从建立寄主关系开始到寄主刚刚出现外部症状的一段时间。这一时期是病原物在寄主体内扩展蔓延阶段,症状明显出现时,就是潜育期的结束。潜育期的长短,主要决定于病害种类与环境条件,例如番茄早疫病为 2～3 天,黄瓜霜霉病为 4～5 天。

4. 发病期　是指症状出现后病害进一步发展的时期。病害发展到一定的时期,病原物在植物的发病部位产生繁殖体,构成各种具特征性的结构,例如出现霉状物、粉状物等。

(二)侵染循环

植物的传染性病害,从前一个生长季节开始发病,到下一个生长季节再一次发病的过程叫做侵染循环。病害的侵染循环主要包括以下 3 个方面。

1. 病原物的初次侵染与再次侵染　初次侵染是生长季节田间发生的第一次侵染。在初侵染发生后所产生的繁殖体进行的侵染叫再次侵染。

2. 病原物的越冬和越夏　当生长季节结束,蔬菜收获或转入休眠,这时病原物的侵染活动也暂时中止,直到下一个生长季节开始,再继续侵染危害。病原物越冬和越夏的场所归纳起来可分为 6 种:田间病株、种子和苗木及其他繁殖材料、病株残体、土壤、土杂肥、昆虫和杂草。

3. 病原物的传播　越冬或越夏的病原物,必须传播到蔬菜上才能发生初侵染,在植株之间也只有通过传播才能引起再侵染。病原物的传播主要通过以下几个途径:①气流,如霜霉病病菌在棚室内和棚室间的传播。②雨水和流水,如白菜软腐病菌是靠流水进行传播的。③昆虫和其他生物,许多植物病毒都是依靠昆虫传播的,如引起多种蔬菜病毒病的黄瓜花叶病毒是由蚜虫传播的。
④人类的各种活动,常造成病原物的传播,例如调运种子、苗木以
及嫁接、整枝、打杈、修剪等活动都可以传播病害。

第二节 蔬菜昆虫学基础

为害蔬菜的害虫包括昆虫、蛾类和软体动物类等。害虫对蔬
菜的为害主要表现在以下几个方面:一是害虫常取食蔬菜的组织、
器官以维持生命,干扰和破坏蔬菜的正常生长、发育,引起蔬菜的
产量和质量下降,造成巨大的损失。二是一些害虫作为媒介物传
播植物病害,造成田间病害的发生与流行。三是害虫对蔬菜的为
害还表现在防治这些害虫所耗费的农药、人工及由此引发的农药
公害和农药中毒。

为害蔬菜的害虫主要是各类昆虫。昆虫在动物界属于节肢动
物门中的昆虫纲,昆虫纲是动物界中最大的节肢动物门中最大的
一纲。节肢动物门的生物都具有分节的身体、成对的分节附肢,身
体的最外部分是外骨骼。在外骨骼内部是内脏器官。昆虫纲除了
具有节肢动物门的共同特征外,它的身体由头、胸、腹3个体段组
成:头部着生口器和眼、触角等感觉器官;胸部着生两对翅和3对
足;腹前部包藏着主要的内脏器官,后部着生生殖器官。简单地
讲,昆虫就是具有"六足四翅,体分头、胸、腹"的节肢动物。

一、昆虫的外部形态

(一)头 部

昆虫的头部是身体的第一个体段,着生有口器和很多感觉器
官。它是一个感觉和取食的中心。头部一般为圆形或椭圆形。由
于昆虫生活方式不同,头部的形状变化很大。

1. 口式 根据口器着生的位置,可以分为下口式、前口式和

后口式 3 种类型。

(1)下口式 口器向下,头与体躯纵轴几乎呈直角。下口式多为一些植食性的昆虫,如蝗虫、蝶蛾类的幼虫等。

(2)前口式 口器向前,头部和体躯纵轴差不多平行。前口式多见于一些以捕食其他小动物为生的昆虫,如瓢虫的幼虫、钻蛀性的昆虫和天牛的幼虫等。

(3)后口式 口器向后,头部和体躯纵轴呈锐角。这种头式多是一些吸取汁液的昆虫,如椿象、蝉、蚜虫等。

2. 复眼和触角 在昆虫的头部上方生有 1 对复眼。它是由许多小眼所组成。多数昆虫在复眼之间还生有 1～3 只单眼。

大多数昆虫在复眼内侧,生有 1 对分节的触角。触角上面有大量的感觉器,主要是嗅觉和触觉器,用于闻味和感觉振动,帮助昆虫寻找食物和配偶。触角由许多可以活动的环节组成,它可以分为 3 个部分:基部的第一节叫柄节,第二节叫梗节,梗节之后的许多节总称鞭节。

3. 口器 是昆虫的取食器官。由于取食方法和食性的不同,形成了各种不同的口器。常见的有咀嚼式口器、刺吸式口器和虹吸式口器。

(1)咀嚼式口器 是最原始的一种口器,它由 5 个部分组成:悬挂在口器前部的上唇;上唇下方为左右成对、用于咀嚼食物的上颚和下颚;位于口器的下方,用于托挡食物的下唇;舌位于口器内方。咀嚼式口器用于取食固体食物。

(2)刺吸式口器 不仅具有吮吸液体食物的构造,而且还具有刺入动植物组织的构造。典型的刺吸式口器,上唇变成一条狭长的三角片,上、下颚变成了 4 根细长的口针,下唇转化成长长的喙管,主要作用是保藏和保护里面的口针。舌非常短小,位于口针的基部。蝉、蚜虫、介壳虫等都是这种口器。刺吸式口器除了对植物造成直接的伤害外,它的唾液中往往含有毒素,从而造成植物器官的畸形,如卷叶、虫瘿以及变色、坏死等症状。很多此类害虫还是植物病毒病的传播者,如蚜虫可传播蔬菜病毒病。

(3)虹吸式口器 是蛾、蝶类昆虫的成虫所具有的口器。可以卷起的长长的喙管是由两个下颚的外颚叶嵌合而成的,它的内部有1个细孔,用以吸食液体。下颚的其他部分和上颚均已消失。上唇和下唇都退化为1个小薄片,但下唇须非常发达。喙管可以伸到花瓣中吸取花蜜或吸食外露的果汁及露水等。

(二)胸 部

胸部是昆虫的第二个体段,着生足和翅,是昆虫的运动中心。胸部由3节组成,依次叫做前胸、中胸和后胸。每个胸节下方各着生1对胸足,分别称为前足、中足和后足。中胸和后胸常在背面各着生有1对翅,分别称为前翅和后翅。足是胸部的附肢,足常分为6节,分别是短而粗的基节、短小的转节、强大的腿节、细而长的腔节、可分为2~5个亚节的跗节和由1对侧爪和1个中垫组成的前附节。

昆虫翅的主要作用是飞行,一般为膜质,但很多昆虫因长期适应其生活环境,翅在质地上发生了变化,主要的变化类型有复翅、鞘翅、半鞘翅、鳞翅、毛翅和缨翅等。

(三)腹 部

腹部是体躯的第三个体段,构造比头部和胸部简单,一般没有分节的附肢。腹部通常由9~11节组成,第一至第八节两侧常具有1对气门。腹部的后端着生外生殖器。雌性外生殖器也叫产卵器,位于第八、第九腹节的腹面。

二、昆虫的生物学特性

昆虫生物学是研究昆虫个体发育中生命活动规律的科学,主要包括昆虫的生殖、生长发育、生命周期、各生育阶段的习性及行为和某一阶段的发育特点等。

研究昆虫生物学的目的不仅在于了解昆虫生命活动,更主要的是把昆虫生物学的知识用于人类改造自然的生命活动。害虫的防治、益虫的利用、生物多样性的保护等均需要在掌握昆虫生物习性的基础上才能达到事半功倍的效果。

(一)昆虫的生殖方式

昆虫的种类繁多,在进化过程中,由于长期适应其生活环境,逐渐形成了多种多样的生殖方式,大体可分为以下 2 种。

1. 两性生殖　绝大多数昆虫是以两性生殖的方式进行繁殖。这种方式的特点是必须经过雌雄两性交尾,精子与卵子结合后,由雌虫将受精卵产出体外,卵经孵化而成为新个体。如蝗虫。根据雌虫产出后代的虫态,又可将两性生殖分为卵生和胎生两种类型。

(1)卵生　是指雌虫产出的后代个体为卵,也就是说昆虫的受精卵排出体外后,尚需经过一定时间才能发育成新个体,这是绝大多数昆虫的生殖方式。

(2)胎生　是指雌虫产出的后代个体的虫态是幼虫,也就是说昆虫的受精卵在母体内孵化为幼体,而后产出母体继续生长发育。

2. 孤雌生殖　也叫单性生殖,是指卵不经过受精就能发育成新个体的生殖方式。蚜虫在整个生长季节均进行孤雌生殖,而只在越冬之前才产生雌雄性蚜,进行两性交尾,以两性生殖的受精卵越冬,翌年春再进行孤雌生殖。

(二)昆虫的个体发育

1. 昆虫的变态　昆虫从卵孵化出来,一直到羽化为成虫的发育过程中,一般要经过系列形态上和内部器官的变化,这种现象叫变态。常见的有以下两种类型。

(1)完全变态　它的特点是具有 4 个不同的虫态,即卵、幼虫、蛹和成虫。幼虫与成虫在形态上相差很大。当幼虫变为成虫时,身体上的多数器官如口器、触角、足、翅等都要转变为成虫的器官,因此必须经过一个蛹期来完成这些激烈的转变。完全变态昆虫的幼虫,与成虫不仅在形态上差别很大,而且在栖息环境、取食行为等方面也存在显著的差异。完全变态昆虫有甲虫类的鞘翅目,蛾蝶类的鳞翅目,蚊蝇类的双翅目,蜂蚁类的膜翅目以及脉翅目昆虫等。

(2)不完全变态 这种变态的特点是只有 3 种虫态,即卵、幼虫和成虫,并且成虫的特征是随着幼虫的生长、发育而逐渐显现出来的。因此,成虫在形态上与幼虫差别不大,只是身体的大小、翅和外生殖器的发育程度不同。这种变态类型的幼虫被称为若虫。若虫不仅形态上类似于成虫,而且生活习性也和成虫相近。它们都栖息在相同的环境中,取食相同的食物。属于不完全变态的昆虫有蝗虫、螽斯类的直翅目昆虫、椿象类的半翅目昆虫和蝉、蚜虫、飞虱以及介壳虫类的同翅目昆虫等。

2. 幼虫及其类型 昆虫自卵里出来,叫做孵化。昆虫孵化后,随着身体的不断生长,当发育到一定的程度,骨骼便限制了身体的发育,就要将旧的表皮蜕去而重新形成新表皮,这种现象叫做蜕皮。不同的昆虫蜕皮的次数也不一样,如蚜虫蜕 4 次皮,而豆天蛾一生则要蜕 6 次皮。蜕一次皮身体长大一点,表皮也变厚一点,防治它就更困难一点,因此防治害虫时,治得越早,效果越好。由卵孵化出来到第一次蜕皮以前的幼虫叫第一龄幼虫,经第一次蜕皮后的幼虫叫第二龄幼虫,依此类推。在相邻两次蜕皮之间所经历的时间叫龄期。由此看来,豆天蛾要蜕 6 次皮,那么它就具有 7 个龄期。幼虫伴随着生长的蜕皮叫生长蜕皮,而由幼虫变成蛹的蜕皮叫变态蜕皮。

昆虫的幼虫不仅蜕皮次数不一样,完全变态昆虫的幼虫还有各种不同的类型,主要有 4 类:①原足型幼虫,如内寄生性的膜翅目昆虫的早期幼虫;②多足型幼虫,它们除具有 3 对胸足外,还有腹足,如蛾、蝶类和叶蜂的幼虫;③寡足型的幼虫,只有胸足而无腹足,如鞘翅目、毛翅目和部分脉翅目幼虫;④无足型的幼虫,足完全退化,如蝇类、虻类幼虫等。

3. 蛹的类型　完全变态昆虫的末龄幼虫,老熟后不吃也不动,进入"预蛹期"。这是末龄幼虫在化蛹前的静止阶段,等到蜕去最后一次皮才变成蛹。昆虫的蛹大体可分为以下 3 大类型:

(1)离蛹　又叫裸蛹。它的触角、足和翅都与身体分离,可以活动,同时腹节间也能活动。甲虫和蜂类的蛹都属于这种类型。

(2)被蛹　这种蛹的触角、足和翅都贴在体上,不能活动,大多数腹节甚至全部腹节也是固定在一起,蛾、蝶类的蛹是最常见的被蛹。

(3)围蛹　外面的蛹壳是由末龄幼虫蜕下来的旧表皮所形成的 1 个桶状的硬壳,里面则是 1 个离蛹,这是蝇类所特有的蛹。

4. 成虫　昆虫从若虫或蛹蜕皮变为成虫的过程叫做羽化。不完全变态昆虫的若虫经最后一次蜕皮后便羽化为成虫。完全变态昆虫则从蛹壳中钻出羽化为成虫。刚羽化的成虫身体柔软,翅、足、触角等附肢还没有伸展开。这时,昆虫大量吞吸空气或水分,并借助肌肉的收缩来增加体内压力,以帮助翅和其他附肢的伸展,待体壁硬化后,才能飞行和行动。很多昆虫在羽化为成虫后,生殖细胞还没有发育完全,需要补充营养。蝴蝶访花,蜻蜓捕虫,蚂蚱吃草等都是为了补充营养。成虫在性成熟之后,立即表现两性活动即交尾和产卵。

(三)世代和年生活史

昆虫由卵发育为成虫,并开始产生后代的个体发育史叫一个世代,简称一代。一个昆虫世代,短的只有几天,如蚜虫;而长的可达几年甚至十几年,如大黑鳃金龟 2 年发生 1 代,美洲的一种蝉则需 17 年才能完成一个世代。

一种昆虫在 1 年内所发生的世代,也就是说从当年越冬虫期开始活动,到翌年越冬结束为止的发育过程叫年生活史。大豆食心虫 1 年只发生 1 代;在华北,棉铃虫 1 年发生 4 代,而瓜蚜 1 年可发生 10～30 多代。1 年发生多个世代的昆虫,常出现上一世代的虫态与下一世代的虫态同时发生的现象,这叫做世代重叠。

(四)昆虫的习性

1. 食性 按昆虫取食食物的性质可分为:植食性昆虫,这类昆虫可占全部昆虫的 40％～50％,如棉铃虫等;肉食性昆虫,如瓢虫、寄生蜂等;腐食性昆虫,如苍蝇、屎壳郎等;杂食性昆虫,如蟑螂等。除了按照上述分类的方法外,还可按昆虫取食食物范围的广狭分为:多食性昆虫,如棉铃虫可在不同科的植物上取食;寡食性昆虫,如菜粉蝶只能在十字花科不同属的植物上取食;单食性昆虫,如大豆食心虫只能在一种植物上或者与它亲缘关系很近的几种植物上取食。

2. 趋性 指昆虫对某种刺激所表现出来的定向活动。最常见的是趋光性,大多数夜出性的昆虫对短波光有强烈的趋性,因此,人们常用黑光灯进行诱杀。蚜虫对黄色的光有趋性,所以在菜田中可用黄板进行诱杀。此外,还有趋化性、趋温性、趋湿性等趋性。利用昆虫的趋性,可以进行害虫的测报和防治。

3. 假死性 有些昆虫,例如很多甲虫,当受到震动时,立即呈麻痹状态,从树上掉到地下,这种习性叫假死性。

4. 群集性 一种昆虫的大量个体聚集在一起的现象叫群集性。昆虫的群集有临时性的,如从卵块中刚孵化出来的小幼虫;也有持久性的,例如东亚飞蝗,它们的群集性是受遗传基因控制的,从小到大,它们总是生活在一起。

(五)蔬菜害虫的为害方式

蔬菜害虫的为害方式包括直接为害和间接为害两种。

1. 直接为害 是通过直接取食植物体而造成的。根据其取食特性,又可分为以下 4 种为害方式:①刺吸汁液。如各种叶螨、蚜虫、白粉虱等,它们主要刺吸植物的茎、叶、芽等器官的汁液。②蛀食。如地蛆、豌豆象等,它们主要蛀食蔬菜的根、茎、花蕾、果实、种子等。③咬食。如菜粉蝶、菜蛾、甜菜夜蛾等。④潜叶。如潜叶蝇、斑潜蝇等潜入瓜类、豆角等蔬菜的叶片内,取食叶肉组织。

2. 间接为害 蔬菜害虫的间接为害是指害虫取食时,将病株上的病原物传到健株上或分泌一些害虫的分泌物到蔬菜体表,影响植株的光合作用,并引起霉菌寄生或将虫卵产于植物组织而伤害植株。其中间接为害中引起损失最大的一种方式是传播病害。

(六)蔬菜害虫的为害症状

蔬菜的根、茎、叶、花、果均可能受到害虫的为害。同一部位可能遭受不同害虫的为害,同一害虫也可能为害不同的部位。但总体说来,蔬菜各部分受害后的症状表现如下。

1. 根、茎部受害 被害虫取食后常会引起植株萎蔫、死亡。

2. 叶片受害 蔬菜的叶片受害后,常出现洞孔或缺刻,或叶肉被取食而留下透明的表皮。叶肉被潜叶蝇为害后通常表现出白色的如蛇形弯曲的"隧道",或仅留下叶脉。被害虫刺吸的叶片常出现卷缩、变黄、生长缓慢甚至停滞,如被叶蛾刺吸的叶片呈大红色。

3. 花、果受害 害虫取食花、果实、种子等造成蛀孔,或留下虫粪,或使器官脱落,或造成空粒,或引起果实畸形。

三、常见的昆虫目

昆虫纲由无翅亚纲和有翅亚纲的 33 个目所组成,与蔬菜生产关系比较密切的有 9 个目。

(一)直翅目

直翅目是一些中型至大型的昆虫。口器为咀嚼式,具有两对翅,前翅为复翅,后翅为膜质,纵折于前翅之下。前足常特化为开掘足,或者后足特化为跳跃足。雄虫常具有发音器。直翅目昆虫的听器位于前足腔节基部或腹部第一节。具 1 对尾须,属不完全变态,如蝗虫、螽斯(蝈蝈和纺织娘)、蝼蛄、蟋蟀等。

(二)半 翅 目

人们习惯把半翅目的昆虫叫做"椿象",属不完全变态。它是一些小型至大型的昆虫,口器为刺吸式,分节的喙由头的腹面前端伸出,弯向下方。前翅为半鞘质,后翅为膜质,很多种类在胸部腹面后足基节旁具臭腺开口,能挥发出臭液。因此,椿象又叫做"臭屁虫",属不完全变态,如斑须蝽、绿盲蝽、小花蝽、梨网蝽等。

(三)同 翅 目

同翅目为小型至大型的昆虫,属不完全变态。口器为刺吸式,其基部着生于头部的腹面后方,似出自前足基节之间。具翅种类的前后翅均为膜质,静止时呈屋脊状覆于体背上。很多种类的雌虫无翅,如蝉、叶蝉、飞虱、蚜虫、介壳虫、粉虱等。

(四)缨 翅 目

缨翅目昆虫通称蓟马,身体微小,复眼发达,有单眼或无单眼。触角较长,6～10 节。口器为左右不对称的锉吸式口器。翅膜质,翅脉退化,翅缘有密而长的缨状缘毛。变态类型是介于完全变态与不完全变态之间的逐渐变态。本目常见的为蓟马科,如葱蓟马。

(五)鞘 翅 目

鞘翅目昆虫也称甲虫,是一些微小至大型的昆虫。它们的前翅高度角质化,坚硬,无翅脉,叫鞘翅;后翅膜质,静止时折叠于前翅之下。口器为咀嚼式,属完全变态类型。幼虫寡足型或无足型。蛹多为裸蛹。本目昆虫是昆虫纲中最大的目,含有 25 万余种甲虫。其食性复杂,有肉食性、植食性、腐食性和粪食性等。鞘翅目共有 157 个科,如步行甲、金龟甲、叩头甲、瓢虫、天牛、叶甲、象甲等。

(六)脉 翅 目

脉翅目昆虫,身体为小型至大型。口器为咀嚼式,向下。两对翅均为膜质。翅脉网状。个别种类翅脉简单,但翅区上覆白粉。属完全变态类型。脉翅目昆虫都是捕食性种类,以其他小虫为食。

常见的是草蛉科昆虫。

(七)鳞翅目

鳞翅目包括所有的蛾类和蝶类。它们的最大特点是翅面上均覆盖着小鳞片。口器为虹吸式,呈卷须状,取食时伸到花中吮吸花蜜,不用时蜷曲呈弹簧状。幼虫为多足型,蛹为被蛹,属完全变态类型。鳞翅目是大目,全世界已知的种达 10 万以上,很多是蔬菜上的大害虫,如菜粉蝶、小菜蛾、棉铃虫和甜菜夜蛾等。

(八)双翅目

双翅目包括蚊类、虻类和蝇类昆虫。它们的共同特征是:只有1 对膜质的前翅,而后翅特化为细小的平衡棒。口器为刺吸式、刮吸式或吮吸式。属完全变态类型,如小麦吸浆虫、食蚜蝇、葱蝇(地蛆)、美洲斑潜蝇等。

(九)膜翅目

膜翅目包括各种各样的蜂和蚂蚁。它们的共同特点是:具有两对膜质的翅,口器为咀嚼式;腹部第一腹节并入后胸,叫并胸腹节;第二腹节缩小成“腰”,称为腹柄;雌虫具针状的产卵器,有的种类具有刺螫能力;属完全变态类型。

思 考 题

1. 植物病害按发病原因可分为哪两种类型?
2. 植物传染性病害按病原可分为哪些类型?
3. 植物有害昆虫的生殖方式有哪些类型?
4. 植物有害昆虫的变态有哪些类型?

第二章 蔬菜病虫害发生 特点及防治技术

第一节 蔬菜病虫害发生特点

一、蔬菜病虫害危害现状

近年来,由于蔬菜种类的增加和保护地面积的扩大,为病虫害的发生提供了良好的生存和越冬条件,造成病虫害的发生面积逐年扩大,危害程度不断加重,情况越来越复杂。当前常发的病害有霜霉病、菌核病、灰霉病、炭疽病、疫病和枯萎病等,虫害有菜青虫、小菜蛾、甜菜夜蛾、棉铃虫和美洲斑潜蝇等,一些生理性病害和杂草也给蔬菜生产造成很大损失。

据调查,北京郊区保护地蔬菜根结线虫病发生日益普遍、危害逐年加重;番茄溃疡病、黄瓜黑星病、十字花科蔬菜根肿病、菜叶蜂偶有发生;棕榈蓟马、烟粉虱、番茄细菌性斑点病新近发生。病虫害周年都有发生,如春季保护地 4～5 月份、露地 5～6 月份;秋季保护地 7 月至 8 月上旬、9 月至 10 月中旬,露地 8 月中旬至 10 月上旬;夏播蔬菜 7～8 月份是多种病虫发生危害的高峰期;冬季多种病虫在保护地内越冬及危害。从病虫发生特点及趋势看,随着蔬菜面积(保护地为主)的扩大、种类的增加、种植年限的延长,常规病虫、土传病害不断的扩大及加重;新的或偶发性或地区性病虫不断地对生产构成威胁;地区间由于种植结构、气候条件的差异,病虫害发生有较明显的差异。从近年来对病虫害发生面积和造成损失的分析来看,蔬菜病虫的发生及危害具有以下几个特点。

(一)病虫害种类多

据调查,目前常发蔬菜病虫害超过100余种。其中,常年发生的害虫有50多种,受害蔬菜广泛,其中以十字花科蔬菜受害最严重。主要的害虫有小菜蛾、菜青虫、甜菜夜蛾、斜纹夜蛾、黄曲条跳甲、斑潜蝇(主要有美洲斑潜蝇和南美斑潜蝇)和蚜虫(主要有桃蚜、萝卜蚜)等。

常年发生的病害有40多种,受害的蔬菜广泛。其中较严重的有白菜类的软腐病、病毒病、霜霉病、地下线虫,瓜类的霜霉病、炭疽病、疫病、枯萎病,豆类的白粉病、锈病、枯萎病、病毒病,茄果类的早疫病、晚疫病、青枯病、疫病、灰霉病和病毒病等。美洲斑潜蝇、夜蛾科害虫、土传病害、病毒病、细菌性和生理性病害等新病虫害上升,危害加重且难以防治;灰霉病曾是蔬菜的次要病害,随着保护地栽培的迅速发展,该病开始在茄果类、瓜类苗期和成株期严重发生,现已成为保护地蔬菜最严重的病害之一。蔬菜疫病危害也日趋严重。甜菜夜蛾、斜纹夜蛾等夜蛾科害虫近年来有逐步发展为蔬菜重要害虫的趋势。

(二)发生面积增大,危害损失重

据不完全统计,近年我国病虫害发生面积是20世纪80年代发生面积的5～10倍。新建棚室发生瓜类枯萎病后如不及时采取有效防治措施,一般从零星病株到变为普遍发病只需4～5年时间。在大型连栋温室中,果菜类根结线虫病只需3～4年,其病株率可达100%,减产50%以上,严重地威胁着多种蔬菜的生产。近年来,茄果类青枯病、茄子黄萎病分布地区的扩大和危害加剧也有类似原因。甜菜夜蛾、斜纹夜蛾、菜青虫、黄曲条跳甲、斑潜蝇和菜蚜等蔬菜主要害虫,在河北省范围内均可发生危害,而且寄主范围大,对多种类蔬菜构成危害。病毒病和线虫病已成为蔬菜生长的障碍,受害蔬菜一般产量损失10%～15%,严重的甚至绝收。灰霉病、霜霉病、炭疽病、疫病及白粉虱、螨类、蚜虫等保护地主要病虫害发生面积大,且抗药性增强,造成的损失仍很严重。

(三)保护地蔬菜病虫害发生严重

保护地蔬菜病虫害发生严重的主要原因是保护地内温、湿度较高的小气候非常有利于各种蔬菜病虫害的发生;此外,多年的连作造成了土壤内的菌源量和虫源量都较高,为新一茬蔬菜病虫害的发生危害提供了充足的病虫基数。如近几年河北省部分老菜区的棚室内根结线虫发生较重;保护地蔬菜生产的后期,部分菜农在生产管理上较为粗放,也是导致保护地内病虫害发生较严重的原因之一。

(四)病虫害抗药性越来越强

据统计,小菜蛾对氰戊菊酯和马拉硫磷的抗性高达 3 000 倍,对氯氰菊酯的抗性也接近 1 000 倍;菜蚜对抗蚜威的抗性高达 6 000 倍,对氰戊菊酯的抗性超过 500 倍,对溴氰菊酯和马拉硫磷的抗性达 400 倍,对乐果、乙酰甲胺磷和敌敌畏的抗性达 100 倍,对氧化乐果的抗性达 20 倍。保护地面积的迅速扩大为病虫越冬提供了条件,使高湿、低温病害和小虫类虫害发展较快,流行频率高,抗性产生快,危害严重。小菜蛾、甜菜夜蛾几乎对所有常用杀虫剂均产生了较高的抗药性,给害虫的防治带来困难。

(五)生理性病害普遍发生

由于缺素、管理不善、气候异常等原因,经常导致生理性病害发生,直接影响蔬菜的产量和品质。如黄瓜化瓜、畸形瓜和苦味瓜、番茄畸形果、裂果和脐腐病,以及营养元素缺乏,高温、低温危害,有害气体危害等。

二、蔬菜病虫害防治中存在的问题

我国的蔬菜种植面积达 3 000 万公顷,种植的常见蔬菜种类达 200 多种,各具特色的品种达 6 000 个以上。发生在这诸多种类、品种上的蔬菜虫害就达 260 多种，其生物学特性、发生区域、防治难易、种类更替等方面存在着十分复杂的情况。在防治过程中主要存在以下问题。

（一）农药供应不平衡

虫害的发生与消长有其自身的规律和条件，必须有针对性地用药，才能取得好的防治效果。有时由于供应的农药品种不齐全，当虫害发生时手中缺药，又没有其他办法，再加上知识技术欠缺和救菜心切的心理，于是出现滥用农药与超剂量用药的现象。其结果是费时、费力、费农药，既造成污染又增加损失。

（二）超剂量使用农药

由于长期、重复使用化学农药，使得害虫的抗药性逐年增强。抗药性的产生又迫使使用者不断加大农药的用量和浓度，从而使蔬菜中含有大量的有毒元素，被人们食用后，造成过量的有毒物质进入了人体，从而危害人体健康。如标准使用浓度为水释 2 000～3 000 倍的乐果乳剂，提高到 600～800 倍液，甚至于 400～500 倍液；水释 1 000～1 500 倍的"甲托"，提高到 500～600 倍液使用。蔬菜作物禁用的六六六、滴滴涕等有机氯农药，常在蔬菜产品中检测出来。

（三）有害虫类的增多

生态环境中，由于受过量使用农药，大气成分的变化，地被、栽培习惯的改变，以及温、湿度等气候条件等因素的影响，引起虫类的消长。一些害虫出现了，一些抗性种群出现了，一些害虫由弱变强了，一些几近绝迹的害虫又猖獗起来。

（四）环境污染

蔬菜的生长发育离不开土壤、水和大气等自然环境。而害虫的生存也依赖于环境，若自然环境受到污染，特别是土壤受到污染将导致大量虫害发生，直接影响蔬菜生产。如长期连作重茬，又不注意病虫害源的清理，将使土壤积累大量虫源，造成蔬菜第二年严重受害。除了直接土壤污染而导致的虫害外,由于土壤有机质的减少,pH 值的过大或过小,长期用污水浇灌菜田而造成有毒物质的积累,农药对土壤的污染,以及重金属离子的过量积累等,而引起的各类间接危害,同样也是普遍存在的。

第二节　蔬菜病虫害的综合防治

一、蔬菜病虫害的防治方针

我国地域辽阔,地理气候条件复杂多样,适于各种气候类型的蔬菜生长,因此蔬菜品种繁多。到目前为止,我国已有蔬菜品种 200 多种。但凡是有蔬菜生长的地方,就会有病、虫、草害伴随发生。在我国蔬菜上发生的各种病害达 450 多种,虫害 260 多种。蔬菜病虫害严重影响蔬菜的产量和质量,有的甚至造成绝收。据有关部门统计,近 10 年间,我国植保系统年平均挽回蔬菜损失约 280 亿千克,占总产量的 20% 左右;目前,蔬菜因病虫害造成的损失高达 20%。由此可以看出病虫害防治工作在蔬菜生产中的重要性。由于蔬菜病虫害种类繁多,发生规律也较复杂,而蔬菜产品产值往往又较高,故在防治过程中,常采用广谱的化学农药,以期提高其防治效果。但因长期使用或不合理地使用化学农药,也带来病虫产生抗药性、杀伤天敌和污染环境等副作用,使菜田生态平衡遭到破坏,又导致了病虫危害的加剧。加之蔬菜产品连续采收的间隔期较短,以及可供生食等特点,施用化学农药后残留的问题也很突出,迫切需要寻求新的防治策略和技术。

1975 年我国就制定了"预防为主,综合防治"的植保工作方针。结合蔬菜病虫害防治工作特点,应从蔬菜、病虫和菜田环境的整体观念出发,正确处理好两个方面的关系:一是防和治的关系,强调以防为主,防重于治,即在病虫未发生或形成显著危害前,采取适当措施,使病虫不能发生或不能大发生,保护蔬菜免遭损失或少受损失;但当病虫已经发生时,治也是必要的,即以治补防的不足,两者密切结合。二是各项防治措施的关系,即要互相协调,取长补短,有机结合。实践已经证明,任何一种防治方法都不是万能的,依靠单一的方法防治病虫害,有很大的片面性。但也不是方法措施愈多愈好,应避免把一些不必要的措施凑合在一起,以至互相抵消而产生副作用。在综合防治中,要以农业防治为基础,因时因地制宜,合理运用化学防治、生物防治、物理防治等措施,经济、安全、有效地把病虫控制在不足危害的水平上,以达到增产、保护环境和人民健康的目的。"预防为主,综合防治"体现了植保科学的发展趋势,可与广大生产者的经验密切结合,对病虫进行科学的治理。因此,重治轻防,甚至单纯依靠化学农药,追求"一扫光"的想法和做法都是不可取的。

二、蔬菜病虫害的防治技术

(一)实施植物检疫

由国家或地方政府颁布法规,授权植物检疫机构执行,依靠行政手段和技术措施,控制危险性病虫、杂草的传播与蔓延。这是一项以预防为主,防患于未然的工作。

1. 植物检疫的任务 禁止危险性病虫、杂草以任何方式传入国内;封锁国内局部地区已发生的危险性有害生物,使其不致扩大蔓延;积极组织人力物力,彻底消灭不慎传入新区的有害生物,保护新区安全生产。

2. 植物检疫工作的主要内容 对进出口和国内地区间调运的种子、苗木和农产品进行现场或产地检疫,发现带有危险性病虫的种子、苗木和农产品等,在到达新区以前或进入新区分散之前进行处理;设立观察圃,对暂不能判定是否携带危险性病虫的种子、苗木进行观察;禁止调运或处理已感染或混杂危险性病虫、杂草的播种材料和农产品等。同时,对已发生的检疫对象采取有效的防治对策。

我国对植物检疫工作十分重视,为了发展创汇农业,不仅要做好进口检疫,而且还要做好出口检疫,履行国际义务,提高我国农产品的国际信誉。国内已公布和实施了一系列植物检疫法规,有效地制止或限制了危险性有害生物的传播与扩散。随着科学进步、检疫技术的发展和有害生物的动态变化,各省(自治区、直辖市)及时修改或补充了各地区检疫对象,对阻断各地未曾发生过的植物病虫草害的侵入,起着积极的作用。

(二)加强农业防治工作

运用农业栽培技术措施,创造适宜于蔬菜生长发育和有益生物生存繁殖,而不利于病虫害发生的环境条件,消灭、避免或减轻病虫危害,达到蔬菜增产的目的。农业防治法具有经济、有效、简便等特点,还具有长期地控制病虫发生的预防作用,是一项非常重要的防治措施。

1. 选用抗(耐)病虫品种 选用抗(耐)病虫品种是防治蔬菜病虫害最根本的既经济又有效的措施。各地可以结合当地种植的蔬菜种类和病虫发生情况,因地制宜地选用抗病虫品种,减轻病虫危害。

2. 用无病种子或进行种子消毒 无公害蔬菜应从无病留种田采种,并进行种子消毒。常用的方法有温汤浸种(如黄瓜,其种子可用 55℃温水浸 15 分钟或用 50℃温水浸 20～30 分钟)、药剂拌种和种衣剂包衣等方法进行种子处理。

3. 适时播种 合理选择适宜的播种期,可以避开某些病虫害的发生、传播和危害盛期,从而减轻病虫危害。如大白菜播种过早,往往导致霜霉病、软腐病、病毒病、白斑病发生较重,而适时播种既能减轻病虫危害,又能避免迟播造成的包心不实。

4. 培育无病壮苗,防止苗期病虫害 育苗场地应与生产地隔离,防止生产地病虫传入。育苗前苗床(或苗房)彻底清除枯枝残叶和杂草,采用培养钵育苗,营养土要用无病土,同时施用腐熟的有机肥。脱毒种苗繁育技术是防治病毒病的最有效方法,采用马铃薯、大蒜、甘薯等脱毒种苗防治病毒病已大面积推广应用,并取得良好效果。

5. 嫁接防病　嫁接技术的广泛应用有效地减轻了许多蔬菜病虫害的危害。瓜类、茄果类蔬菜嫁接可有效地防治瓜类枯萎病、茄子黄萎病、番茄青枯病等多种病害。嫁接防病的关键是对砧木的选择,如西瓜常用瓠子、葫芦,黄瓜常用云南黑籽南瓜、南砧1号。采用的接穗要注意品质、产量和生育期的选择。

6. 合理轮作、间作、套种　蔬菜连作是引发和加重病虫危害的一个重要原因。在生产中按不同的蔬菜种类、品种实行有计划的轮作倒茬、间作套种,既可改变土壤的理化性质,提高肥力,又可减少病源、虫源积累,减轻危害。

7. 科学施肥　合理施肥能改善植物的营养条件,提高植物的抗病虫能力。应以有机肥为主,适当施用化肥,增施磷、钾肥及各种微肥。施足基肥,适施追肥,结合喷施叶面肥,杜绝使用未腐熟的肥料。氮肥过多会加重病虫的发生,如茄果类蔬菜绵疫病、烟青虫等危害加重。施用未腐熟有机肥,可招致蛴螬、种蝇等地下害虫为害加重,并引发根、茎基部病害发生。

8. 清洁田园　病虫多数在田园的残株、落叶、杂草或土壤中越冬、越夏或栖息。在播种和定植前,结合整地收拾病株残体,铲除田间及四周杂草,清除病虫中间寄主。在蔬菜生长过程中及时摘除病虫危害的叶片、果实或全株拔除,带出田外深埋或烧毁。

(三)生物防治

利用有益生物或生物代谢产物控制病虫害,称为生物防治。其特点是对蔬菜作物和人、畜安全,不污染环境,不伤害天敌和有益生物,具有较长期控制的效果。生物防治是无公害蔬菜病虫害综合防治技术的重要组成部分,它包括保护利用天敌和使用微生物及代谢物制剂等控制蔬菜病虫害,可以取代部分化学农药的应用,减少化学农药的用量,且不污染蔬菜和环境,有利于保持生态平衡。目前,"以虫治虫"、"以菌治菌"、"以菌治虫"、"以病毒治虫"、"以抗生素治虫"等生物防治技术已广泛应用于无公害蔬菜生产中。

1. 利用天敌 积极保护利用瓢虫等捕食性天敌和赤眼蜂等寄生性天敌防治害虫,是一种经济有效的生物防治途径。多种捕食性天敌(包括瓢虫、草蛉、蜘蛛、捕食螨等)对蚜虫、叶蝉等害虫起着重要的自然控制作用。寄生性天敌昆虫应用于蔬菜害虫防治的有丽蚜小蜂(防治温室白粉虱)和赤眼蜂(防治菜青虫、棉铃虫)等。

2. 利用细菌、病毒、抗生素等生物制剂 利用阿维菌素、农用链霉素、新植霉素等抗生素防治病虫害。如苏云金杆菌制剂防治蔬菜害虫,阿维菌素防治小菜蛾、菜青虫、斑潜蝇等,核型多角体病毒、颗粒体病毒防治菜青虫、斜纹夜蛾、棉铃虫等,农用链霉素、新植霉素防治多种蔬菜的软腐病、角斑病等细菌性病害。

3. 利用昆虫生长调节剂和特异性农药 这一类农药并非直接"杀伤"害虫,而是干扰昆虫的生长发育和新陈代谢作用,使害虫缓慢而死,并影响下一代繁殖。这类农药对人、畜毒性很低,对天敌影响小,环境相容性好。其中已大量推广使用或正在推广的品种有除虫脲、氯氟脲、特氟脲、氟虫脲、丁醚脲、米螨、虫螨腈等。

4. 植物源杀虫剂 如鱼藤、苦参、苦楝、烟碱等可防治多种蔬菜害虫。近年来,国内外还研究开发出了许多植物性农药制剂,如2.5%鱼藤酮乳油、0.2%苦参碱水剂等。

(四)物理防治

物理防治是利用蔬菜病虫对温度、光谱、颜色、声音等的特异反应和忍耐能力,杀死或驱避有害生物的方法。它不污染环境,无副作用,并有某些独特的功效,因此在蔬菜生产中已普遍应用。

1. 灯光诱杀　利用害虫对光的趋性,用白炽灯、高压汞灯、黑光灯、频振式杀虫灯等进行诱杀。在夏秋季害虫发生高峰期对蔬菜主要害虫能起到良好的诱杀作用。

2. 色板、色膜驱避和诱杀　在田间铺设或悬挂银灰色膜可驱避蚜虫。利用蚜虫、白粉虱、斑潜蝇等对黄色的趋性,在田间悬挂黄色捕虫板以粘住蚜虫、白粉虱、斑潜蝇等。从作物苗期和定植期开始使用,可以有效控制害虫的发生和蔓延。

3. 性诱剂诱杀　在害虫多发季节,每 667 平方米菜田排放水盆 3～4 个,盆内放水和少量洗衣粉或杀虫剂,水面上方 1～2 厘米处悬挂昆虫性诱剂诱芯,可诱杀大量前来寻偶交尾的昆虫。目前已商品化生产的有斜纹夜蛾、甜菜夜蛾、小菜蛾、小地老虎等的性诱剂诱芯。

4. 食物趋性诱杀　利用成虫补充营养的习性和对食物的优选趋性,在田间安置人工食源进行诱杀,也可种植蜜源植物进行诱杀。

5. 栖境诱杀　由于很多害虫都有昼伏夜出的习性,因此可以人为地在田间模拟设置害虫栖境进行诱杀。

6. 防虫网隔离技术　蔬菜防虫网是以防虫网构建的人工隔离屏障,将害虫拒之于网外,从而收到防虫保菜的效果。防虫网覆盖栽培,是农产品无公害生产的重要措施之一,对不用或少用化学农药,减少农药污染,生产出无农药残留、无污染、无公害的蔬菜具有重要意义。蔬菜覆盖防虫网后,基本上能免除菜青虫、小菜蛾、甘蓝夜蛾、甜菜夜蛾、斜纹夜蛾、烟粉虱、棉铃虫、豆野螟、瓜绢螟、黄曲条跳甲、猿叶虫、二十八星瓢虫、蚜虫和美洲斑潜蝇等害虫的为害,控制由于害虫的传播而导致的病毒病的发生,还可保护天敌,而且可以调节气温和地温,遮光调湿,防霜防冻、防暴雨、防冰雹和抗强风。

7. 高温闷棚　覆盖塑料薄膜、遮阳网和防虫网,进行避雨、遮荫、防虫隔离栽培,可减轻病虫害的发生。在夏秋季节,利用大棚闲置期,采取覆盖塑料棚膜密闭大棚,选晴日高温闷棚 5～7 天,使棚内最高气温达 60℃～70℃,可有效地杀灭棚内及土壤表层的病菌和病虫。

(五)化学防治

化学农药仍是目前防治病虫害的重要而有效的手段。无公害蔬菜生产并非不使用化学农药,关键是如何科学合理地使用化学农药。在使用农药时,首先要了解所用农药的性质、施药环境和防治对象,掌握用药的最适时期,剂量要准确,施药要均匀、周到,特别注意喷施叶片背面,避免产生药害。例如,温室和塑料棚黄瓜在叶面形成水膜或结露时,如夜晚使用雄黄或硫黄熏蒸法防治白粉病,则黄瓜易出现药害或死苗,不应选用;同时要注意合理轮换用药,才能收到预期的防治效果。需要混配时,须按各种农药使用说明书上所允许的范围进行,并要注意人、畜安全。严格控制蔬菜的农药残留不超标和严格控制蔬菜的农药安全使用间隔期,是保证化学农药不超标的重要措施。

思 考 题

1. 蔬菜病虫害的发生各有何特点?
2. 蔬菜病虫害防治的方针和内容是什么?

第三章　蔬菜常用农药及科学使用

第一节　农药的科学使用

　　长期以来,在蔬菜生产中,为了防治病虫害,人们片面追求高效而大量使用化学农药,使蔬菜中农药残留超标,直接损害了消费者身体健康,同时也恶化了生态环境,引发防治上的恶性循环,给社会带来公害。同时,农药残留量的超标,成为蔬菜进入大中城市、出口创汇的制约因素,影响了蔬菜生产的经济效益。近年来,在无公害蔬菜生产中,农药的科学合理使用成为最突出的问题。因此,科学合理使用农药对农业增产增收具有重要意义。

一、农药的使用原则

　　病虫害防治应坚持"预防为主、综合防治"的原则,科学合理地使用化学农药。具体来说应做到以下几点。

　　(一)正确诊断病虫害种类,选准对口农药

　　首先要从防治对象入手,准确地诊断病虫害,选准对口农药,保证防治效果。选用全国农技推广中心无公害农产品生产新推荐的高效、低毒、低残留的环保型农药,禁止使用高毒、高残留和具有致畸、致癌、致突变的农药及迟发性、神经系统中毒农药。其次要了解农药的性能。农药的种类很多,每种农药都有自己的防治对象,要注意选用合适的剂型。一般来说,乳油最好,可湿性粉剂次之,粉剂最差。

　　(二)掌握防治适期,适时合理用药

　　每种病虫害都有防治指标。病虫害的防治应在达到防治指标时及时进行防治。防治最佳时期,一般害虫应在卵孵化盛期至 3 龄幼虫抗病能力弱的时期施药;气流传播病害应在初见病期及时施药,可收到事半功倍的效果。

(三)严格农药使用浓度,防止抗性药害产生

农药用药量主要是指每 667 平方米用药量,按照农药说明书推荐的使用剂量、浓度准确用药配药,不能为追求高防效随意加大用药量。如用药量超过限度,不仅容易出现药害,而且导致病虫的抗药性增强。配制乳剂时,首先应将所需乳油先配成 10 倍液,然后再加足量水。稀释可湿性粉剂时,首先用少量水将可湿性粉剂调成糊状,然后再加足全量水。配制毒土时,首先将药和少量土混合,经过几次加土拌和才能使药土混拌均匀。配制药液时要用清水。

(四)交替轮换用药,防止抗性产生

在蔬菜病虫防治中,长期连续使用一种农药或同类型的农药,极易引起病虫产生抗药性,降低防治效果。因此,应根据病虫特点,选用几种作用机制不同的农药交替使用。如选用生物农药和化学农药交替使用等,不仅有利于延缓病虫的抗药性产生,从而达到良好的防治效果,而且可以减少农药的使用量,降低蔬菜中的农药残留。

(五)合理混用农药

在蔬菜生长过程中,几种病虫混合发生时,为节省劳力,可以将几种农药混合使用。合理混用农药,不仅可以扩大防治范围,提高防治效果,而且能防止或延缓病菌、害虫、杂草产生抗药性。但是,农药的混用必须遵循以下原则:一是混合后不发生不良的物理、化学变化,对遇碱性物质容易分解失效的农药,不能与碱性农药混用,可湿性粉剂不能与乳剂农药混用;二是混合后对作物无不良影响;三是混合后不能产生拮抗作用而降低药效;四是混合后毒性不能增加。

(六)使用高效新型施药器械

使用高效、新型施药器械防治蔬菜病虫害是发展"无公害"蔬菜生产的关键环节。目前,生产上使用的植保器械尤其是手动喷雾器"跑、冒、滴、漏"问题严重,这是造成农药浪费、污染环境和施药人员中毒的重要原因之一。要改用低容量、细雾滴药械喷洒,如应采用全国农技推广中心推荐的卫士牌手动喷雾器、PB-16型手动喷雾器等高效新型施药器械防治蔬菜病虫害。喷药要细致、周密,做到不漏喷、不重复喷,以免防治病虫不彻底,引起病虫害再度发展或造成药害。用药结束后,立即清洗喷雾器;清洗药械的污水应选择安全地点妥善处理,不准随地泼洒;装过农药的空瓶(袋)等要集中处理;对剩余的药剂要妥善保管。

(七)严格按照国家规定的农药安全使用间隔期采收

农药的安全间隔期是指农作物最后一次施药时间距收获的天数,这是减少农产品中的农药残留、防止残毒的重要环节之一,是保障消费者身体健康的重要手段。因此,要严格按照国家规定的安全间隔期收获,尤其是瓜果菜类,更要严格按此规定执行以防止人、畜食后中毒。不同蔬菜种类、农药及使用季节,其安全间隔期不同,一般情况下,蔬菜安全间隔期为1～7天,在秋冬季施药时,间隔期要适当延长。

二、农药的剂型

农药的原药一般不能直接使用,必须加工配制成各种类型的制剂才能使用。制剂的形态称剂型,商品农药都是以某种剂型的形式销售到用户的。我国目前使用最多的剂型是乳油、悬浮剂、可湿性粉剂、粉剂、颗粒剂、水剂等10余种剂型。

(一)乳　油

乳油又称乳剂。是由原药、有机溶剂和乳化剂等按一定的比例混溶调制成的透明油状液体。溶剂用来溶解原药,乳化剂使油和药均匀混合。pH值一般为6～8,稳定性在99.5%以上。乳油加工方法简单,有效成分含量高,使用方便,用途广泛,主要供喷雾,也可用于配制毒土和浸种。喷洒时药液能很好地粘附在植物表面,不易被雨水冲刷,防治效果好,残效期较长。缺点是成本较高,有机溶剂有增强农药渗入动、植物和人体内的作用,如使用不当,容易造成药害和人、畜中毒。

(二)悬 浮 剂

它是由原药、水、分散剂和防冻剂等构成的黏稠性悬浮液。如40%多菌灵胶悬剂和50%硫悬乳剂等。主要供常规喷雾,也可以进行低容量喷雾和浸种等。

(三)可湿性粉剂

它是由原药加填充剂、悬浮剂或湿润剂经过机械混合制成的粉状制剂。其细度为99.5%,可通过200目筛。可湿性粉剂能被水湿润,均匀分散在水中,在水中的悬浮率一般在60%以上。可湿性粉剂主要用于对水喷雾,不可用于直接喷粉。它的优点是喷洒的雾滴比较细,在植物体表上,粘附力较强,施药时受风力影响不大,防治效果比同一农药的粉剂要好,残效期较长。但要求湿润剂质量好,若悬浮性不好,容易沉淀而造成喷洒不匀,影响药效或造成药害。

(四)粉 剂

它是由农药原药和陶土、黏土等填充剂按一定的比例混合,经过机械粉碎制成的粉状制剂。其细度要求95%通过200目筛,在贮存期有效成分不失效,不结块变质,喷撒时有良好的流动性和分散性。粉剂不易被水湿润也能不分散和悬浮在水中,所以不能加水喷雾施用。一般低浓度粉剂直接作喷粉使用,高浓度粉剂可作拌种、土壤处理或作毒饵等使用。粉剂使用方便、工效高、不受水源限制,用途广泛。但喷粉时易飘移,污染周围环境,不易附着花卉植物体表,用量大,残效期较短。

(五)颗 粒 剂

颗粒剂是由原药、载体(陶土、细沙、黏土、煤渣等)和助剂制成的颗粒制剂。土制剂是将粉剂或可湿性粉剂或乳油按一定的比例与载体混合均匀晾干而成。颗粒剂使用时沉降性好,飘移性小,对非靶标生物影响小。可控制农药的释放速度,残效期长。施用方便,不受水源限制,同时能使高毒农药低毒化,对施药人员安全。主要用于灌心叶、撒施、点施等。

(六)烟　剂

烟剂是由农药原药与助燃剂和氧化剂配制成的细粉状物。该药剂的优点是使用方便,节省劳力,可扩散到其他防治方法不能达到的地方,适宜于防治仓库、大棚温室内的病虫害和森林的病虫害。

(七)水　剂

将水溶性原药直接溶于水中即制成水剂,用时加水稀释到所需的浓度即可喷施。水剂不耐贮藏,易于水解失效,湿润性差,附着力弱,残效期也很长。

(八)水 溶 剂

水溶剂即可溶性粉剂。它是由可溶性原药直接加水而成的可溶性粉剂,再加水即溶解为水剂,可直接进行喷雾。该剂型加工简便,使用方便,药效好,便于包装、运输和贮藏。

(九)水分散粒剂

它是近年发展的一种颗粒状新剂型。由固体农药原药、湿润剂、分散剂、增稠剂等助剂和填料加工造粒而成,遇水能崩解分散成悬浮状。该剂型的特点是流动性能好、使用方便、无粉尘飞扬,且贮存稳定性好,具有可湿性粉剂和胶悬剂的优点。

(十)缓 释 剂

缓释剂是利用物理或化学方法将农药贮存在加工品中(一般用废塑料、树皮、有机化合物等)而制成的一种剂型。使用时农药释放缓慢,可有效地延长农药效期,因此残效期延长,并可减轻污染和毒性。其用法一般同颗粒剂。

三、农药的使用方法

由于农药的剂型不同,各种农药的使用方法也各异。适用于菜田的施药方法有以下几种。

(一)土壤处理

土壤处理又称土壤消毒,是用喷粉、喷雾、撒施等方法将农药均匀地施入地面,或翻入土壤耕作层,或将液体农药用注射器注入土壤病虫栖息场所的方法。这种方法常在菜田育苗时用于处理苗床土,防治地下害虫、土传病害和杂草等。

(二)种子处理

种子处理可分浸种和拌种两种。浸种是在播种前把种子浸泡在一定剂量的药液中,经过一定时间后将种子捞出。此法可直接杀死种子上所带的病菌。拌种也是在播种前将干的药粉或少量药液与种子搅拌均匀,将药剂粘在种子表面上。这种方法一般不能直接杀死种子上的病菌,要待种子入土吸水后才能发挥作用,可防治地下害虫、苗期害虫以及苗期病害。种子处理的优点是不受水源的限制,用药少,工效高,防治效果好,对天敌安全,方法简便实用。但对技术要求较高,如对拌种药量、浸种浓度、浸种时间及操作技术要求都很严格,如果掌握不好易发生药害。

(三)喷 雾 法

喷雾法是施用农药最常用的方法,是把液态的农药经施药机具加压雾化以细雾珠状喷洒到农作物上。根据每 667 平方米喷施药液量的多少,可分为常量喷雾、低量喷雾和微量喷雾。常量喷雾每 667 平方米喷液量多为 12.5～50 千克,适于水源充裕地区,可防治多种作物病虫草害;低量喷雾每 667 平方米喷液为 2.5～12.5 千克,适于防治农作物叶面病虫;微量喷雾每 667 平方米喷液量为 0.5～2.5 千克,如药液浓度过大,易造成作物药害和人、畜中毒,适用于少水地区防治灾害性病虫害。

(四)喷粉法

喷粉法是利用喷药器械将粉剂农药均匀地分布沉降于防治对象及其活动场所和寄主表面。这种方法多应用于保护地蔬菜田。此法的优点是不用水,不受水源的限制,在干旱缺水地区施药,方法简便,防治及时,工效较高;缺点是药粉在作物上粘着性差,农药浪费大,易污染环境,防治效果不稳定。

(五)撒施法

撒施法是将农药与土或沙子或肥料均匀混合,直接均匀撒于地面,或撒于水面,或撒于播种沟内。可分为拌土(拌沙)撒施和拌肥撒施两种。

1. 拌土(拌沙)撒施　先将药剂加少量水稀释,而后喷于土(沙)上,边喷边拌。粉剂农药先与少量的土(沙)拌和,再与其余的土(沙)拌匀。颗粒剂农药可直接与适量的土(沙)拌匀。撒施的药土要求 pH 值为中性的细潮土,一般每 667 平方米需用 15～20 千克。拌匀后的药土,干湿适中,用手握之能成团,撒手即散开。

2. 拌肥撒施　在施药期与追肥期一致时,选用适于拌肥的农药剂型。施用肥料应不影响药效,选用的农药应对作物不产生药害。药肥拌匀后撒施,但不宜在作物有露水时或下雨后撒施,以防药肥沾染菜叶上引起药害。

(六)灌根

灌根是将配成一定浓度的药液施入蔬菜根际的方法。该法主要用于防治地下害虫、根蛆和枯萎病等。此法所用的药剂为持效期很长的内吸剂,其优点是用药少,效果好,药效长,对天敌影响小,对环境污染轻;缺点是受土壤有机质、酸碱度、重金属含量等土壤因子的影响大。

(七)涂 抹

涂抹是一种将药剂涂抹于蔬菜茎秆上的施药方法,其效果主要取决于药剂性能、用量及涂抹部位。也可在药剂中加入机油等涂抹在木板上立在温室中诱杀蚜虫和温室白粉虱。

(八)注 射

是用注射器将农药直接注入蔬菜体内的施用方法,主要用于防治钻蛀性害虫。

(九)熏 蒸 法

熏蒸法是利用农药挥发的气体或毒气来杀灭病虫的施药方法,主要用于防治大棚、温室及露地部分病虫害。此法的优点是有效率高,作用快,效果好;缺点是施药条件要求比较高。

(十)毒饵或毒谷

这是一种用防治对象喜食的饵料与胃毒剂按一定比例配成毒饵引诱其吃食而被杀死的方法。它可以防治地下害虫、蝗虫或害鼠等。毒饵的饵料可用炒香的麦粒、豆饼、棉籽饼等。毒谷是煮成半熟的谷粒捞出晾至半干后拌药。

四、蔬菜生产中禁用的农药种类

在蔬菜生产中禁用和限用的农药,一般由农药管理部门根据农药的卫生毒理学和环境毒理学作预评价及再评价后确定。农药被禁用或限用有以下原因:高毒、剧毒、高残留,使用不安全;致癌、致突变,致畸;各种慢性毒性作用如迟发性神经毒性;高微生物富集性;二次中毒及二次药害;含特殊杂质;对植物不安全,有毒害;代谢产物有特殊作用;对环境和非靶标生物有害的农药等。

国家规定高毒农药、高残留农药不准用于蔬菜。因此,在无污染蔬菜或绿色食品蔬菜生产上要禁止使用以下剧毒、高毒和高残留农药。

1. 有机氯类:六六六、DDT、氯丹、毒杀酚、五氯酚钠、三氯杀螨醇、杀螟威、赛丹、艾氏剂、狄氏剂、秋氏剂。

2. 有机汞类:氯化乙基汞(西力生)、醋酸苯汞(赛力散)。

3. 有机杂环类:敌枯双。

4. 无机砷杀虫剂:砷酸钙、砷酸铅。

5. 有机砷杀菌剂:甲基砷酸锌、甲基砷酸铁铵、福美甲砷、福美砷。

6. 有机锡杀菌剂:薯瘟锡(三苯基醋酸锡)、三苯基氯化锡、毒菌锡。

7. 氟制剂:氟乙酰胺、甘氟、氟乙酸钠、氟化钙、氟化钠、氟铝酸钠、氟硅酸钠。

8. 取代苯类杀虫杀菌剂:五氯硝基苯、稻瘟醇(五氯苯甲醇)。

9. 有机磷:对硫磷(1605)、甲基对硫磷(甲基1605)、内吸磷(1059)、甲胺磷、乙酰甲胺磷、久效磷、磷胺、异丙磷、三硫磷、高效磷、氧化乐果、蝇毒磷、马拉硫磷、甲基异柳磷、特丁硫磷、甲基硫环磷、高渗氧乐果、增效甲胺磷、高效喹硫磷、马甲磷、乐胺磷、速胺磷、水胺硫磷、甲拌磷(3911)、地虫硫磷(大风雷)、治螟磷(苏化203)、灭线磷、硫环磷、氯唑磷、叶胺磷、克线丹、苯线磷、磷化锌、达甲、敌甲畏、久敌、敌甲治、敌甲、乙拌磷、稻瘟净、异稻瘟净。

10. 氨基甲酸酯类:速灭威、克百威、涕灭威、速扑杀、铁克灭、灭多威(万灵)。

11. 二甲基甲脒类:杀虫脒。

12. 卤代烷类熏蒸剂:磷化铝、氯化苦、二溴氯丙烷、二溴乙烷。

13. 除草剂:除草醚、草枯醚。

14. 其他杀虫剂:毒鼠硅、毒鼠强、砒霜、西力生、赛力散、益舒宝、速蚧克、氧乐氰、氧乐酮、杀螟灭、氰化物、溃疡净、401(抗菌素)、普特丹、培氟朗、砷类、铅类。

第二节　常用农药的种类

一、杀 虫 剂

1. 阿维菌素

【别　名】　爱力螨克、齐墩螨素、杀虫菌素、赛福丁、揭阳霉素、阿维杀虫素、阿巴丁、虫螨克、爱福丁等。

【性　质】　原药为白色结晶,有效成分含量70%。不溶于水,能溶于丙酮、异丙醇等有机溶剂,化学性质稳定。该药是从细菌代谢分泌物中分离出来的,是一种具有很高杀虫、杀螨、杀线虫活性的大环内酯化合物。对人、畜高毒,对鱼类和蜜蜂高毒;因其有效剂量远比家畜中毒剂量小,所以对高等动物十分安全。其作用机制是作用于节肢动物的神经系统,刺激释放 γ-氨基丁酸,抑制神经冲动的正常传导。对害蛾和害虫具有触杀、胃毒和熏蒸作用,对植物组织具有很强的渗透性,对成螨、幼若螨和害虫的幼虫效果好,但药效发挥速度慢(害螨或害虫在用药后2~3天才死亡),不能杀卵。在常用浓度或剂量下,对作物、害虫天敌及环境安全。它是虫、螨、线虫综合防治中一个比较好的农药品种。

【制　剂】　1.8%乳油。

【使用方法】　防治二斑叶螨和朱砂叶螨,在蛹点片发生阶段或蛹扩散以后,每公顷用1.8%乳油300~600毫升加水稀释,在发生中心(点片阶段)或全田(扩散以后)进行均匀喷雾,控制蛹害可达3~4周。因该药具有熏蒸作用,所以温室或塑料大棚内用此药进行土壤处理,可防治土壤中的线虫及其他地下害虫,是取代甲基溴(溴甲烷)作为土壤处理剂的一个很好的农药品种。

【注意事项】　①该药毒性高,使用时要注意安全操作。②中毒者避免使用巴比妥、丙戊酸类药物。

2. 吡虫啉

【别　名】　咪蚜胺、扑虱蚜、蚜虱净、吡虫灵、一扫净、比丹、康福多、大功臣等。

【性　质】　纯品为无色结晶。微溶于水,不溶于丙酮等一般有机溶剂。对人、畜低毒,有轻度蓄积性,对皮肤和眼睛无刺激作用,无致畸、致癌作用;对鱼低毒;对蚯蚓等有益动物和害虫天敌无害,对环境安全。主要作用于昆虫烟碱样乙酰胆碱受体,引起乙酰胆碱在突触处积累,使昆虫兴奋不能向下传导,神经传导被阻断。中毒症状是麻痹、迟钝,最终死亡。它具有优良的内吸性,对害虫具有胃毒和触杀作用,主要用于防治刺吸式口器害虫,对鞘翅目、双翅目和鳞翅目害虫也有效,但对螨类和线虫无效。

【制　剂】　10%、25%可湿性粉剂,70%拌种剂,20%浓可溶剂。

【使用方法】　叶面喷雾对黑尾叶蝉、飞虱类、蚜虫类和蓟马类有优异的防效,对粉虱、象甲、鳞翅目幼虫等也有效。用10%吡虫啉可湿性粉剂1 000倍液或25%可湿性粉剂2 000倍液喷于土壤或叶面,可长时间防治蚜虫、飞虱、粉虱、叶蝉等刺吸式口器害虫。

【注意事项】　①本品虽为低毒杀虫剂,使用时仍应注意安全。②贮存在阴凉、干燥、通风处。

3. 辛硫磷

【别　名】　肟硫磷、倍腈松、腈肟磷。

【性　质】　纯品为浅黄色油状液体,工业品为浅红色至红棕色油状物。在中性或酸性介质中稳定,在碱性介质中易分解。对光敏感,在阳光直射下,很快分解失效。叶面喷雾残效2～3天,土壤处理持效期可达1～2个月,是一种良好的土壤处理剂。本品对人、畜低毒。在环境中残留少,残效期短。适用于蔬菜、桑、茶、中草药及即将收获的果树上使用。对害虫有很强的胃毒和触杀作用,其触杀毒力是有机磷杀虫剂中最强的一种,且毒杀速度快。无内吸作用,熏蒸作用较小。

【制　　剂】　原油,40%、45%、50%乳油,25%微胶囊剂,1.5%、3.5%颗粒剂。

【使用方法】　本品是一种广谱性有机磷杀虫剂。处理土壤,用50%乳油1 000倍液灌根,可防治根蛆、金针虫、蛴螬、蝼蛄等地下害虫。用50%乳油1 000~2 000倍液喷雾,可防治蚜虫、蓟马、粉虱、飞虱、介壳虫、叶螨以及各种鳞翅目幼虫。

【注意事项】　①不能与碱性物质混合。②易光解,应在傍晚或早晨施药,应放在阴暗处贮存。③对瓜类幼苗、大白菜苗易发生药害,要注意控制药量和浓度,用前先试验。④无内吸作用,无渗透性,施药时要喷洒均匀周到。

4. 敌百虫

【性　　质】　纯品为白色结晶粉末。溶于水及大多数有机溶剂,在室温下稳定,高温吸潮后易分解,在碱性介质中短时间内可转化为毒性更大的敌敌畏,长时间则分解失效。敌百虫转化成敌敌畏的速度随着碱性的增强和温度的升高而加速。对人、畜低毒,在环境中残留低。具有强烈的胃毒作用和一定的触杀作用,并表现出一定的渗透活性,是一种高效、低毒、低残留、广谱性的有机磷杀虫剂。适用于蔬菜、果树、茶树及其他多种作物上防治咀嚼式口器害虫,也可与其他有机磷杀虫剂复配后兼治刺吸式口器害虫。

【制　　剂】　96%原药,90%敌百虫晶体,50%、80%可溶性粉剂,50%、60%乳油,25%油剂,25%、40%可湿性粉剂,2.5%、5%粉剂等。

【使用方法】　用80%可溶性粉剂500倍液喷雾,防治菜青虫、小菜蛾、甘蓝夜蛾及其他一些咀嚼式口器害虫。

【注意事项】 ①瓜类和豆类幼苗期对敌百虫较敏感,使用时注意防止产生药害。②不能与碱性药物混用。③中毒者不能用苏打水洗胃。

5. 毒 死 蜱

【别 名】 乐斯本、氯吡硫磷等。

【性 质】 纯品为白色结晶,有轻微硫醇味。在室温下稳定,在碱性介质中易分解,对铜有腐蚀性。对人、畜毒性中等,对眼睛有轻度刺激,对皮肤有明显刺激作用,长时间接触,会灼伤皮肤。对蜜蜂、鱼类高毒。作用方式多样,具有触杀、胃毒和熏蒸作用,是一种高效、广谱性的杀虫剂。且具有杀螨活性。在叶面上的残效期短,而在土壤中的残效期较长。农业上广泛用于刺吸式口器、咀嚼式口器害虫和害螨的防治。

【制 剂】 40.7%乳油,14%颗粒剂。

【使用方法】 用40.7%乳油800～1 000倍液喷雾,防治小菜蛾、菜青虫、豆荚螟、蚜虫、叶螨等。防治红蜘蛛应在幼螨、若螨盛期及其扩散为害之前喷药。

【注意事项】 ①不能与碱性农药混用。②蔬菜收获前停止用药的安全间隔期为7天。③中毒者按有机磷农药中毒处理,解毒药是阿托品和胆碱酯酶复配剂。

6. 敌 敌 畏

【性 质】 纯品为无色油状液体,工业原药为琥珀色,溶于大多数有机溶剂。对热稳定,在水中易分解,在碱性溶液中水解更快。对铁和钢有腐蚀性。对人、畜高毒,对瓢虫、食蚜虻等天敌杀伤力较大。具有很强的熏蒸、胃毒和触杀作用,对咀嚼式口器和刺吸式口器害虫均有很好的防治效果。由于其施药后分解快、持效期短,因此适用于对蔬菜、烟草、桑、茶等作物上害虫的防治。

【制　　剂】　80%乳油,50%油剂,20%塑料块缓释剂。

【使用方法】　用80%乳油1 000～1 500倍液喷雾,防治潜叶蝇、蚜虫、红蜘蛛、叶蝉、飞虱、鳞翅目幼虫等。用线绳、布片、纸条浸蘸药液悬挂在室内熏蒸,或盛于铁制容器中加热熏蒸,可防治蚊、蝇等成虫。

【注意事项】　①敌敌畏对瓜类、豆类幼苗易产生药害,使用时应注意浓度,最好先行试验再用。②不能与碱性农药混用。③在蔬菜上的安全间隔期为6天(冬季7天)。④中毒者按有机磷农药中毒处理,治疗时以阿托品为主。胆碱酯酶复配剂效果较差,用量不宜过大,可酌情选用。

7. 甲氰菊酯

【别　　名】　灭扫利。

【性　　质】　纯品为白色结晶,原药为棕黄色固体。对光、热及酸性介质稳定,在碱性介质中易分解。对人、畜中等毒性,对鱼类、蜜蜂、家蚕等毒性高。是一种高效、广谱性的拟除虫菊酯类杀虫、杀螨剂。具有触杀、驱避和胃毒作用。叶面喷雾,持效期2～3天。

【制　　剂】　10%、20%、30%乳油,50%可湿性粉剂。

【使用方法】　用20%乳油2 000～4 000倍液防治小菜蛾、菜青虫等鳞翅目幼虫,以及二斑叶螨、朱砂叶螨、蚜虫、温室白粉虱等。

【注意事项】　①不能与碱性农药混用。②对鱼、蚕、蜜蜂高毒。③该药对多种叶螨有很好的防治效果,尤其适合在虫、螨并发时施用。

8. 氰戊菊酯

【别　　名】　速灭杀丁、杀灭菊酯、敌虫菊酯、中西杀灭菊酯、异戊氰酸酯等。

【性　　质】　纯品为微黄色透明油状液体。耐光性较强,在酸性介质中稳定,在碱性介质中则分解。对人、畜中等毒性,对皮肤和眼睛有刺激性。是一种高效、广谱性的拟虫菊酯类杀虫剂,以触杀、胃毒作用为主,无内吸传导和熏蒸作用。用于防治鳞翅目、同翅目、直翅目、半翅目等害虫,对蚜类无效。

【制　　剂】　20%乳油。

【使用方法】　用20%乳油3 000～4 000倍液喷雾,防治菜青虫、小菜蛾、豆荚螟等多种鳞翅目幼虫,掌握在3龄前施药;该浓度还可防治黄守瓜、二十八星瓢虫等害虫。

【注意事项】　①无杀蚜活性,虫、蚜并发时要与杀蚜剂配合使用,否则易造成害蚜猖獗。②不要与碱性农药混用。③蔬菜上的安全间隔期为夏季5天,秋、冬季12天。

9. 氯氰菊酯

【别　　名】　灭百可、兴棉宝、安绿宝、赛波凯等。

【性　　质】　纯异构体为无色结晶,原药为各异构体的混合物。外观为黄棕色至深红褐色黏稠液体或半固体物,对光、热稳定,在弱酸性和中性介质中较稳定,在碱性介质中易分解。对人、畜毒性中等,对皮肤和眼睛有轻度刺激性。具有触杀、胃毒和一定的杀卵作用,是一种广谱高效的拟除虫菊酯类杀虫剂。对多种咀嚼式口器害虫和刺吸式口器害虫有良好的防治效果。

【制　　剂】　10%、25%乳油,10%可湿性粉剂。

【使用方法】　用10%乳油2 000～4 000倍液喷雾,可防治蓟马、叶蝉、蚜虫、粉虱等刺吸式口器害虫和棉铃虫、小菜蛾、叶蜂、潜叶蝇、刺蛾等咀嚼式口器害虫。

【注意事项】　①不能与碱性农药混用。②本品对蜜蜂、家蚕有剧毒,使用时要格外注意。

10. 三氟氯氰菊酯

【别　名】　功夫、功夫菊酯、空手道。

【性　质】　原药为米黄色无臭味固体。不溶于水,溶于大多数有机溶剂,贮存稳定性为 6 个月。对人、畜毒性中等,对皮肤和眼睛有刺激性。具有触杀、胃毒作用。无内吸传导作用,但渗透性较强。杀虫谱广,活性高,击倒速度快,耐雨水冲刷,对植物安全。广泛用于防治各种咀嚼式口器害虫和刺吸式口器害虫,是一种良好的拟除虫菊酯类杀虫、杀螨剂。

【制　剂】　2.5％乳油。

【使用方法】　用 2.5％乳油 3 000～5 000 倍液喷雾,可防治棉铃虫,潜叶蝇,卷叶蛾、盲蝽、象甲、蚜虫、粉虱、木虱、叶蝉等。用 1 000～3 000 倍液喷雾,防治二斑叶螨、朱砂叶螨等叶螨类。

【注意事项】　①本品虽有杀螨作用,因残效期短,一般不专用于防治叶螨。②施药时注意保护皮肤和眼睛。

11. 抗蚜威

【别　名】　辟蚜雾。

【性　质】　纯品为无色无味结晶体,原药为白色无臭晶体。化学性质较稳定,但遇强酸或强碱则易分解。对光不稳定,见光易分解。对人、畜毒性中等,残效期短,对害虫天敌安全。对蚜虫有特效。是一种具有内吸、触杀和熏蒸作用的氨基甲酸酯类杀虫剂。

【制　剂】　50％可湿性粉剂,50％水分散粒剂。

【使用方法】　用 50％可湿性粉剂 1 500～2 500 倍液喷雾,防治白菜、甘蓝、豆类蔬菜上的蚜虫,同时可兼治其他一些刺吸式口器害虫,如叶蝉、白粉虱等,但对棉蚜无效。由于该药具有熏蒸作用,尤其适合在温室大棚中使用。20℃以上熏蒸作用较强,15℃以下只有触杀作用。

【注意事项】 ①抗蚜威对棉蚜无效,不能用于防治棉蚜。②该药剂必须用金属容器盛装。③该药属于氨基甲酸酯类药剂,一旦中毒,应立即就医,肌内注射 1～2 克硫酸颠茄碱。

12. 苏云金杆菌

【别　名】 杀虫菌 1 号、Bt。

【性　质】 苏云金杆菌是包括许多变种的一类晶体芽孢杆菌,是革兰氏阳性细菌,在产孢过程中伴随产生两大类毒素,即内毒素(伴孢晶体)和外毒素。原药为黄褐色固体,是由苏云金杆菌的发酵产物加工而成的制剂。对人、畜低毒,对皮肤、眼睛无刺激性,非常安全。对鱼类和蜜蜂无伤害。属于胃毒杀虫剂。昆虫取食后,肠道内膜被破坏,中肠停止蠕动、瘫痪;中肠上皮细胞解离,停食;杆菌芽孢在肠中萌发而大量繁殖,侵袭和穿透肠道底膜进入血淋巴,最后昆虫因败血症而死。该药对鳞翅目、直翅目、鞘翅目、双翅目等上百种害虫有防效,尤其对鳞翅目害虫的防治效果更好。

【制　剂】 可湿性粉剂(100 亿个活芽孢/克)、Bt 乳剂(100 亿个孢子/毫升)。

【使用方法】 用 Bt 乳剂 1 000 倍液喷雾,在卵孵盛期防治棉铃虫、菜青虫、玉米螟和小菜蛾等鳞翅目幼虫。傍晚施药比在阳光充足时施药效果好。

【注意事项】 ①不能与碱性农药如波尔多液等混用。②贮存时应放在阴凉干燥处。③主要用于防治鳞翅目幼虫,施用期一般比使用化学农药提前 2～3 天。气温 30℃ 以上使用效果好。

13. 氟虫腈

【别　名】 锐劲特。

【性　质】 该药为吡唑类新型杀虫剂。纯品为白色固体,难溶于水,易溶于丙酮等有机溶剂。在常温下稳定,在土壤中亦稳定。对人、畜毒性中等,对皮肤和眼睛无刺激作用。杀虫谱广,对害虫以胃毒作用为主,兼有一定的触杀和内吸作用。对蚜虫、叶蝉、飞虱、鳞翅目幼虫、鞘翅目等重要害虫有很高的活性,对拟除虫菊酯类、氨基甲酸酯类、环戊二烯类等杀虫剂具有抗性的害虫具有显著的防治效果,同时可以作为土壤处理剂防治地下害虫。

【制　剂】　5%悬浮剂,0.3%颗粒剂,5%拌种剂。

【使用方法】　用5%悬浮剂2 000倍液喷雾,可防治小菜蛾、菜青虫、棉铃虫、甘蓝夜蛾、叶蝉、蚜虫等咀嚼式口器和刺吸式口器害虫。每公顷用0.3%颗粒剂45～150克(有效成分),可防治土壤害虫和线虫。

【注意事项】　①施药后要用肥皂将全身洗净,并将工作服用强碱性洗涤液洗净。②贮存应放在阴凉、干燥处。

14. 杀铃脲

【别　名】　杀虫隆。

【性　质】　纯品为无色、无味结晶体,不溶于水及极性有机溶剂。在中性和酸性介质中稳定,在碱性介质中易分解。对人、畜低毒,对眼睛和皮肤无刺激作用,对鱼和蜜蜂安全。属几丁质抑制剂,杀虫谱广,选择性强,药效高,残留低,持效期长,具有胃毒、触杀作用,无内吸作用。对鳞翅目害虫有特效,对双翅目和鞘翅目害虫也有很好的防效。

【制　剂】　20%悬浮剂。

【使用方法】　在棉铃虫卵孵盛期用20%悬浮剂2 000倍液喷雾。由于杀铃脲速效性差,药效慢,在棉铃虫大发生期,应与速效性杀虫剂混用。

【注意事项】　①不能与碱性农药混用。②在贮存过程中,如有沉淀现象,摇匀后使用,不影响药效。

15. 杀虫单

【性　质】　纯品为白色针状结晶,具吸湿性,易溶于水,可溶于甲醇、乙醇等有机溶剂,不溶于四氯化碳、苯、乙酸乙酯。对人、畜毒性中等,对皮肤、黏膜无明显刺激作用。作用方式多种多样,具有明显的胃毒、触杀、内吸传导作用和一定的熏蒸作用,其持效期为 6 天左右。对叶蝉、飞虱、螟虫、潜叶蝇等有较好的防效,是一种广谱性的沙蚕毒素类杀虫剂。

【制　剂】　原粉,25％水剂。

【使用方法】　每公顷用 750～1 125 克有效成分喷洒,可防治蔬菜黄条跳甲、菜青虫、南美斑潜蝇、美洲斑潜蝇及其他潜叶蝇、螟虫、蚜虫等多种害虫。

【注意事项】　①使用安全间隔期为 15 天。②番茄、豇豆对杀虫单较敏感,使用浓度不得高于 300 倍液。对马铃薯、豆类、高粱、棉花幼苗在高温时有药害,使用时应小心。

二、杀 螨 剂

上述杀虫剂中,有部分杀虫剂兼有杀螨作用,如阿维菌素、甲氰菊酯、氧化乐果等。下面所述的杀螨剂,以杀螨作用为主,有的兼有杀虫作用。

1. 哒 螨 灵

【别　名】　速螨酮、达螨酮、牵牛星。

【性　质】　纯品为白色结晶,稍有气味,原药为白色或黄色结晶,不溶于水,能溶于一般有机溶剂,对光不稳定。对人、畜低毒,对眼睛无刺激性,是一种广谱、速效性杀螨剂。具有触杀作用,无内吸传导性。速效性好,持效期长(一般可达 1～2 个月),对各螨态均有防效,与常用杀螨剂无交互抗性。

【制　剂】　15％乳油,20％可湿性粉剂。

【使用方法】　15％乳油3 000～4 000倍液喷雾,用于多种作物上防治二斑叶螨、朱砂叶螨等害螨,同时兼治粉虱、叶蝉、飞虱、蚜虫、蓟马等害虫。

【注意事项】　①不能与波尔多液混用。②无内吸性,喷雾时要均匀周到。③万一误服本品,应立即大量饮水,使其排泄出体外。该农药与皮肤接触后,要用水清洗干净;如误入眼睛,要用水清洗干净或就医。

2. 噻螨酮

【别　名】　除螨威、尼索朗。

【性　质】　原药为浅黄色或白色结晶。难溶于水,微溶于丙酮等一般有机溶剂。是一种噻唑烷酮类杀螨剂。对植物表皮层有较好的渗透性,但无内吸传导作用。对人、畜低毒,对皮肤无刺激作用,对眼睛有轻微刺激,对害虫天敌安全。对叶螨具有强烈的杀卵和杀幼螨、若螨作用,对成螨无效,对锈螨、瘿螨效果差。

【制　剂】　5％乳油,5％可湿性粉剂。

【使用方法】　用5％乳油或可湿性粉剂1 000倍液喷雾,在叶螨点片发生及扩散初期防治各种花卉上的叶螨。

【注意事项】　①该药对成螨无效,须比其他杀螨剂提前施药,或与其他对成螨效果好的药混用。②该药对锈螨、瘿螨防效差。③该药可与波尔多液、石硫合剂等多种农药混用。

3. 双甲脒

【别　名】　螨克、双虫脒。

【性　质】　原药为无味白色至黄色固体,常温下难溶于水,可溶于二甲苯等多种有机溶剂,在酸性介质中不稳定。对人、畜低毒,对眼睛、皮肤无刺激性,对蜜蜂安全。对螨类具有触杀、胃毒和熏蒸作用。杀螨谱广,能有效地防治各种螨类,对叶螨的各个虫态均有效,但对越冬螨卵效果较差。

【制　剂】　20％、25％乳油,50％可湿性粉剂。

【使用方法】　双甲脒除了用于防治螨类外,对鳞翅目幼虫和卵以及其他害虫也有效。用20％乳油1 000～1 500倍液喷雾,防治锈螨、二斑叶螨、粉虱、木虱、介壳虫、蚜虫和鳞翅目幼虫等。

【注意事项】　①不能与碱性物质混合使用,不能与波尔多液或对硫磷混合,以免产生药害。②贮存于阴凉干燥处,避免低温、冷冻。

4. 三唑锡

【别　名】　三唑环锡、倍乐霸。

【性　质】　纯品为无色结晶,原药为白色粉末。在酸性介质中不稳定,贮存得当可保存2年以上。对人、畜毒性中等,对皮肤和眼睛有刺激作用,对鱼高毒,对蜜蜂低毒。杀螨谱广,具有很强的触杀作用,兼有胃毒作用,无内吸传导活性。对幼螨、若螨、成螨和夏卵有效,对越冬卵无效。耐雨水冲刷,残效期长,在常用浓度下对作物安全。

【制　剂】　25％可湿性粉剂,20％胶悬剂。

【使用方法】　用25％可湿性粉剂1 000～2 000倍液喷雾,可防治茄子红蜘蛛、二斑叶螨、朱砂叶螨等。

【注意事项】　安全间隔期为21天。

三、杀 菌 剂

1. 多菌灵

【别　名】　苯并咪唑44号。

【性　质】　纯品为白色结晶,几乎不溶于水,遇酸、碱不稳定,耐热,易光解。是一种高效低毒的内吸性杀菌剂,对许多子囊菌、半知菌和担子菌引起的病害均有效,而对细菌和藻状菌引起的病害如霜霉病、疫病无效。具有保护和治疗作用,影响菌体细胞有丝分裂。

【制　剂】　40%多菌灵悬浮剂,25%或50%多菌灵可湿性粉剂。

【使用方法】　用50%可湿性粉剂400～500倍液喷雾,可防治油菜菌核病;用800～1 000倍液喷雾,可防治瓜类白粉病。在番茄早疫病发病初期,用40%多菌灵悬浮剂300～1 000倍液喷雾,每隔7～10天喷1次,连续喷3～5次。

【注意事项】　不能与铜制剂混用,可与一般杀菌剂混用,与杀虫、杀螨剂混用时要随配随用。

2. 百 菌 清

【性　质】　纯品为白色无味结晶,原药外观为浅黄色并稍有刺激性臭味粉末。化学性质稳定,对酸、碱和紫外线均稳定,无腐蚀性。对人、畜低毒,但对眼睛和皮肤有较强的刺激作用,对鱼类毒性大。是一种非内吸性广谱杀菌剂,对多种作物真菌病害具有预防作用,持效期长且稳定,耐雨水冲刷。

【制　剂】　75%百菌清可湿性粉剂,4%百菌清粉剂,10%百菌清油剂,10%、45%百菌清烟剂等。

【使用方法】　用75%可湿性粉剂400～500倍液喷雾,可防治番茄晚疫病、灰霉病、早疫病、炭疽病、叶霉病和斑枯病等;用500～600倍液喷雾,可防治茄子绵疫病、早疫病,甜椒炭疽病,十字花科蔬菜黑斑病,大葱紫斑病,蔬菜苗期猝倒病、霜霉病、白粉病、叶斑病等多种病害。对保护地作物病害每公顷用45%百菌清烟剂3 000～3 750克于傍晚盖棚后点燃熏烟,可防治多种病害。

【注意事项】　①不得与强碱性药物混用。②药剂对人的皮肤和眼睛有一定刺激作用,施药时应注意保护。

3. 代森锰锌

【别　名】　新万生、大生、喷克等。

【性　质】　属有机硫类杀菌剂。原药为灰黄色粉末,不溶于水及大多数有机溶剂,遇酸、碱分解,在高温下暴露在空气中和受潮易分解,可引起燃烧。属于低毒杀菌剂,对皮肤和黏膜有一定的刺激作用。该药物为杀菌谱广的保护剂,无内吸治疗作用。目前该药常与内吸性杀菌剂混用或制成混剂(如霜脲锰锌、乙磷铝锰锌等),可延缓内吸治疗剂抗性的产生和发展,延长使用寿命。

【制　剂】　50%、70%代森锰锌可湿性粉剂。

【使用方法】　常规用量是 500 倍液喷雾,用于防治藻菌纲、半知菌所引起的霜霉病、叶斑病、疫病、炭疽病等,如番茄早疫病、蔬菜苗期炭疽病。发病期每 7～10 天喷药 1 次,连续喷 3～4 次即可。

【注意事项】　①本品不要与铜制剂和碱性药剂混用。②温室、塑料大棚温度高,使用时要先做试验,选择好稀释浓度,否则易产生药害。

4. 甲基硫菌灵

【别　名】　甲基托布津。

【性　质】　纯品为无色结晶,原药为微黄色结晶,化学性质稳定,在酸性介质和碱性介质中稳定。对人、畜低毒,是一种高效、低毒、低残留、广谱性的内吸杀菌剂,具有保护和治疗作用。对白粉病、菌核病、灰霉病、炭疽病等多种病害有效。

【制　剂】　70%甲基托布津可湿性粉剂,50%甲基托布津胶悬剂,36%甲基硫菌灵悬浮剂。

【使用方法】　用 70%甲基托布津可湿性粉剂 1 000 倍液喷

雾,可防治莴苣灰霉病、菌核病;用 700 倍液喷雾,每 10 天喷 1 次,共喷 3~5 次,可防治番茄、茄子、菜豆、甜椒、圆葱灰霉病和白粉病、炭疽病以及十字花科蔬菜白粉病、菌核病;用 500 倍液灌根,可防治番茄枯萎病、茄子黄萎病等。

【注意事项】 ①不能与碱性药剂和铜制剂混用。②贮存于阴凉、干燥、通风处。

5. 三 唑 酮

【别 名】 粉锈宁、百理通等。

【性 质】 纯品为无色结晶,有特殊气味,原药为白色至浅黄色固体。化学性质稳定,耐酸、碱。是一种高效、广谱、强内吸传导性杀菌剂,持效期长。对人、畜毒性低,在环境中残留量少,具有保护、铲除、治疗和熏蒸作用。广泛用于蔬菜、果树、花卉中防治白粉病、锈病。

【制 剂】 25%百理通可湿性粉剂,20%三唑酮乳油。

【使用方法】 用 20%乳油 10 000 倍液喷雾,于发病初施药,可防治温室内瓜类白粉病;用 20%乳油 2 000 倍液喷雾,可防治菜豆、豇豆、蚕豆锈病。

【注意事项】 ①对双子叶植物,高浓度施药有明显的抑制作用,在使用时要严格按要求的浓度施用。②本品无特效解毒药,使用时注意安全,以免中毒。③可与多种杀菌剂、杀虫剂、除草剂等现混现用。

6. 三乙膦酸铝

【别 名】 乙磷铝、疫霉灵、乙酯铝、疫霜灵、藻菌磷等。

【理化性质与生物活性】 纯品为白色无味结晶,工业品为白色粉末。化学性质较稳定,但遇到强酸、强碱易分解,不易燃,不易爆。按我国毒性分级标准该药属于低毒农药,在植物体内具有双向传导性能,具有保护和治疗作用,对藻状菌引起的疫霉病、霜霉病有很好的防效。

【制　剂】　40%、80%三乙膦酸铝可湿性粉剂,90%三乙膦酸铝可溶性粉剂。

【使用方法】　用40%可湿性粉剂300倍液喷雾,可防治黄瓜和白菜霜霉病、番茄疫病。每隔10天喷1次,连喷2~3次。

【注意事项】　①勿与酸性、碱性农药混用。②本品易吸潮结块,贮运中应注意密封、干燥保存。③葫芦科和十字花科蔬菜在使用本品浓度偏高时,易产生药害;产生抗药性时,不可随意增加使用浓度。④与多菌灵混用能提高药效。

7. 腐霉利

【别　名】　速克灵。

【性　质】　原药为白色或浅棕色结晶,在碱性条件下不稳定,在酸性条件下稳定。对人、畜低毒,对植物一般也不产生药害。腐霉利是一种内吸性杀菌剂,具有保护兼治疗作用,持效日期为7天左右。

【制　剂】　50%速克灵可湿性粉剂和10%速可灵烟剂。

【使用方法】　用50%可湿性粉剂1 500~2 000倍液喷雾,可防治番茄、黄瓜、葱类灰霉病和黄瓜菌核病。每公顷温室或大棚用10%速克灵烟剂3 750克熏烟,可防治蔬菜灰霉病和菌核病。

【注意事项】　①不能与强碱性药剂混用,也不能与有机磷农药混用。②长期单一使用易产生抗药性,应与其他杀菌剂轮换使用或混合使用。③药剂应存放于阴凉、干燥、通风处。

8. 甲霜灵

【别　名】　雷多米尔、瑞毒霉、甲霜安。

【性　质】　纯品为白色结晶,原药外观为黄色至褐色的无味粉末,不易燃,不易爆,无腐蚀性。在常温下贮存稳定期为 2 年以上。对人、畜低毒,是一种具有保护、治疗作用的内吸性杀菌剂,可被植物的根、茎、叶吸收,并在植物体内随水分运送到各器官。可用于茎叶处理、种子处理和土壤处理,对藻状菌引起的病害有效。

【制　剂】　25%可湿性粉剂,35%拌种剂。

【使用方法】　用 25%可湿性粉剂 600～1 000 倍液喷雾,可防治葫芦科、十字花科蔬菜和其他多种蔬菜上的霜霉病及马铃薯、番茄早疫病;用 1 000～1 250 倍液喷雾,可防治蔬菜苗期猝倒病。

【注意事项】　①单独使用易产生抗药性,应与其他杀菌剂复配使用。②使用时注意防护,以免中毒。③本药应贮存于阴凉、通风、干燥处。

9. 烯唑醇

【别　名】　特普唑、速保利。

【性　质】　原药为白色结晶。对光、热和潮湿稳定,除碱性物质外,可与大多数物质混用。对人、畜低毒,对眼睛有轻微刺激作用,对皮肤无刺激性。是一种广谱性、具有内吸向顶传导作用。具有保护、铲除和治疗作用。对子囊菌、担子菌引起的病害,如白粉病、锈病、黑粉病、黑星病等有很好的防治效果。

【制　剂】　12.5%速保利可湿性粉剂。

【使用方法】　用 12.5%可湿性粉剂 3 000～6 000 倍液喷雾,每隔 10～15 天喷 1 次,共喷 3～4 次,可防治多种蔬菜的白粉病、锈病。

【注意事项】　①不能与碱性农药混用。②贮存于阴暗处。

10. 乙霉威

【别　名】　万霉灵。

【性　质】　纯品为白色结晶,工业原药为浅褐色固体,微溶于水,易溶于甲醇等有机溶剂。对人、畜低毒。乙霉威与多菌灵、二甲菌核利等杀菌剂混用具有负交互抗性,能有效地防治对多菌灵产生抗性的灰葡萄孢引起的蔬菜、葡萄、柑橘等作物的灰霉病、菌核病等病害。近年来发展迅速,并大量用于大棚蔬菜灰霉病等病害的防治。

【制 剂】 65％硫菌·霉威可湿性粉剂由52.5％甲基硫菌灵和12.5％乙霉威混配而成,50％多·霉威可湿性粉剂(多霉灵)由25％多菌灵和25％乙霉威混配而成。

【使用方法】 每公顷用65％硫菌·霉威可湿性粉剂1 200～1 875克,对水1 500升作叶面均匀喷雾,可防治黄瓜、番茄、韭菜、辣椒等蔬菜上的灰霉病。用50％多·霉威可湿性粉剂600～800倍液防治甜菜褐斑病,于发病初期开始喷药,每次施药间隔10天,连续喷药3次,可控制褐斑病。

【注意事项】 ①不能与铜制剂及碱性较强的农药混配使用。②避免大量、过度连续使用。一般反复多次使用的间隔时间为14天以上。

11. 农用链霉素

【性 质】 是一种抗生素药剂,外观为白色粉末,易溶于水,对人、畜低毒。主要防治蔬菜上的软腐病等细菌性病害。

【制 剂】 1 000万单位可湿性粉剂,500万单位可湿性粉剂。

【使用方法】 1 000万单位可湿性粉剂对水50升喷雾,治疗已发病的细菌性病害;1 000万单位可湿性粉剂对水100升喷雾,可预防细菌性病害的发生。配药时,可另外加入少量中性洗衣粉,以增强喷药效果。

【注意事项】 ①贮存于干燥阴凉处,有效期为4年。②不能与碱性农药或污水混用。③可与抗生素农药、有机磷农药混合使用。

12. 盐酸吗啉胍·铜(病毒A)

【性　质】　是以防治植物病毒病为主的复合剂。病毒A可以抑制病毒在植物体内的复制,并能刺激植物生长,增强对病毒的抵抗力及耐毒性。

【制　剂】　20%病毒A可湿性粉剂,20%病毒宁可溶性粉剂。

【使用方法】　主要用于防治番茄、辣椒、甜椒、大白菜、黄瓜和芹菜等蔬菜上的病毒病。蔬菜苗期用20%病毒A 400～600倍液喷雾,每隔7～10天喷1次,一般喷2～3次。

【注意事项】　①最好在发病初期使用。②在使用该药的同时,要结合防治传毒媒介昆虫。

四、杀线虫剂

在上述杀虫剂中,有的杀虫剂有兼治线虫的作用,如阿维菌素、甲基异柳磷等。此外,下面再介绍几种杀线虫剂。

1. 丙线磷

【别　名】　益收宝、灭克磷、益收丰。

【性　质】　原药为淡黄色透明液体,常温下在酸性介质中稳定,在碱性介质中迅速分解,对光稳定。对人、畜高毒。属于有机磷类杀线虫剂和杀虫剂。具有触杀作用,无熏蒸和内吸作用,可防治多种线虫,对大部分地下害虫也具有良好防效,持效期14～28天。

【制　剂】　20%颗粒剂。

【使用方法】　可在播种前、播种时和作物生长期施用。每公顷用22.5～26.25千克作穴施或沟施,可防治根结线虫、茎线虫、刺线虫、胞囊线虫等线虫以及蝼蛄、蛴螬、蝇蛆、金针虫等地下害虫。

【注意事项】 ①本品易经皮肤进入体内,施药时要注意安全。②一旦中毒,按有机磷农药中毒处理,解药是阿托品和胆碱酯酶复配剂。

2. 克线磷

【别　名】 力满库、苯线磷。

【性　质】 纯品和原药皆为无色结晶,在中性介质中较稳定,在酸性或碱性介质中分解缓慢。对人、畜高毒,对眼睛和皮肤无刺激性。具有触杀和内吸作用。由于水溶性好,易被植物根部吸收,在植物体内可以双向传导。杀线虫谱广,对作物安全,药效期可持续几个月。

【制　剂】 10%颗粒剂。

【使用方法】 在播种、种植及作物生长期每公顷用10%颗粒剂30~45千克作沟施、穴施或撒施,可以防治根结线虫、短体线虫、茎线虫等线虫。同时,对蓟马、粉虱等也有很好的防治效果。

【注意事项】 ①施药时注意防护,避免药剂与皮肤直接接触。施药时不可饮水、吃东西、抽烟,施药后要用肥皂彻底清洗。②一旦中毒,按有机磷农药中毒处理。

3. 威百亩

【别　名】 维巴姆、保丰收。

【性　质】 纯品为白色结晶固体,工业原药为红棕色液体。可溶于水,水溶液呈碱性。其稀溶液不稳定,遇酸和金属盐易分解。对人、畜低毒,对皮肤、眼睛和黏膜有刺激作用。是一种良好的土壤消毒剂,对土壤真菌、线虫和杂草均有良好的防治效果,并有熏蒸作用。

【制　剂】　33％、35％、48％水剂。

【使用方法】　每公顷用35％水剂45～60千克对水4 500～6 000升,于播种前15天进行土壤处理,可防治线虫以及真菌引起的病害。

【注意事项】　①药液要随配随用。②不能与波尔多液、石硫合剂及含钙的农药混用。③必须在施药15天后方可栽种,以免发生药害。

思考题

1. 使用化学农药防治蔬菜病虫害应注意哪些事项?
2. 化学农药有哪些剂型?怎样施用?
3. 蔬菜生产上禁用的化学农药有哪些种类?

第四章　蔬菜苗期病虫害

第一节　病　害

一、苗期侵染性病害

　　苗期病害可危害各类蔬菜,如果管理不当,常引起烂种或死苗。苗期常发生的侵染性病害有猝倒病、立枯病和灰霉病。猝倒病多发生在幼苗期;立枯病虽然整个苗期都可以发生,但一般多发生在育苗的中后期;灰霉病是近几年随保护地蔬菜生产的发展而发展起来的病害,能够导致茎、叶腐烂。

1. 猝　倒　病

　　俗称"绵腐病"、"卡脖子"、"小脚瘟"。

　　【病　原】　由瓜果腐霉菌侵染引起。

　　【症　状】　各地冬春季育苗苗床上最常见的病害。主要危害未出土的种芽或刚出土的幼苗。幼苗子叶或真叶完全展开之前为感病阶段。出土前发生,导致烂种。苗期发病,最初在幼苗茎基部或幼茎顶端呈水渍状,以后呈黄褐色污斑,如触及病部,表皮极易破烂。病情发展快,幼苗迅速倒伏,紧贴于地面,短期内叶片仍呈绿色。随着病情的发展,发病部位逐渐变细,缢缩如线状,导致子叶下垂,出现"卡脖子"现象。条件适宜时,苗床上由点片发生,逐渐向四周蔓延,造成幼苗成片猝倒。湿度大时,病部及其附近的地表长出白色绵毛状物。猝倒病菌还能侵染靠近地面的果实。发病初期,病部呈水渍状斑块,迅速扩大成黄褐色或黄色大斑。病健界限明显,病部密生绵毛状物,致使瓜果迅速腐烂。

2. 立 枯 病

俗称死苗、霉根。

【病　原】　由立枯丝核菌侵染引起。

【症　状】　主要危害幼苗,严重的也可造成烂种。幼苗被害,茎基部一侧产生椭圆形、褐色或黄褐色病斑。最初病苗中午萎蔫,早晚恢复正常。随着病情的发展,病斑逐渐凹陷,当病斑绕茎一周时,幼茎逐渐干缩(即病部缢缩),最后病苗干枯死亡,仍可直立于苗床上,但病重时易倒伏。病苗易拔起,根留在土中,断面可见蜘蛛网丝状的霉,末端常带有土颗粒。大苗或成株受害,茎基部呈溃疡状,地上部变黄、衰弱、萎蔫以至死亡。

3. 灰 霉 病

【病　原】　由灰葡萄孢菌侵染引起。

【症　状】　主要发生在早春苗床上,危害程度与天气及苗床管理水平有关。轻者局部死苗,重者可造成整个棚毁苗。病菌多从幼苗子叶、下部真叶及结露的叶片边缘开始侵染。子叶感病,开始褪绿发黄,逐渐变褐坏死,以至腐烂,表面生有灰色霉层。真叶染病多始自叶尖,病斑呈"V"字形,浅褐色,有轮纹,以后干枯,表面有灰霉即病菌的分生孢子及分生孢子梗。幼茎多从叶柄基部或有水滴的部位开始发病,呈不规则水渍斑,后呈灰白色或褐色,变软、腐烂,易倒折,病部产生灰霉,严重时引起病部以上枯死。

【发病规律】　猝倒病、立枯病、灰霉病的病原菌能够在土壤中或病残体上越冬,腐生性较强,在土壤中的病残体上或腐殖质上能长期存活。病菌主要靠风雨、流水、带病菌的粪肥及农事操作等传播。条件适宜时,病菌重复侵染,造成病害的不断扩展蔓延。病菌生长要求高湿度,而床土湿度过大,不利于幼苗生长。春季低温期苗床保温不好，床土温度低，幼苗生长缓慢而衰弱，容易发病。所以，育苗时，遇有寒流、连阴天或下雪，温度偏低，光照不足，不能及时通风透光，致使苗病加重。另外，如用旧床土育苗又未消毒，瓜果类蔬菜连作，造成病菌积累，管理粗放，均容易诱发苗病。

【防治方法】 苗期病害的防治重点在于加强苗床管理，结合药剂防治。

(1)加强苗床管理 苗床土最好取粮田土，如果用旧床土或菜园土，需要消毒。育苗前，将床土充分翻晒，均匀施足有机肥料；浇足底墒水；合理密植，播种均匀；浇水适中，防止床土过湿。在严寒和早春进行温室育苗，须做好保温工作，防止低温和冷风袭击，避免幼苗受冷害，并注意经常通风换气，促使植株生长健壮，增强抗病力。有条件的采用地热线育苗，保持与控制苗床温度在 12℃～16℃。

(2)土壤消毒 旧床土或有菌土壤充分翻晒后，用药剂消毒。①播前 2～3 周进行福尔马林熏蒸。先将床土耙松，按每平方米用 50 毫升甲醛加水 5～10 升，均匀浇于床土上，覆膜 3～5 天。去膜后，将土耙松(隔 1 天翻 1 次，翻 2～3 次)翻晒 2 周左右，药液挥发后再播种。②配药土。每平方米用药剂 8～10 克加半干过筛细土 4～5 千克拌匀。可用 40％五氯硝基苯粉剂 9 克加 50％拌种双 7 克混匀，或 25％甲霜灵可湿性粉剂 9 克加 70％代森锰锌 1 克混匀，或 70％五氯硝基苯加 50％福美双或 65％代森锌(1∶1)8～10 克混匀；50％多菌灵可湿性粉剂或 70％甲基硫菌灵可湿性粉剂或 40％拌种双或 40％拌种灵 8～10 克混匀。用约 1/3 药土撒在畦面上，随即播种，播后再将剩余的 2/3 药土均匀覆盖在种子上。以后的管理应注意不让土壤过于干燥，以免发生药害。

(3)种子处理 播前要进行种子处理，用 50℃温水浸 15 分钟，然后放于冷水中冷却，冷却后晾干，再进行播种或催芽播种。也可用 50％多菌灵可湿性粉剂或 50％福美双可湿性粉剂，按种子重量的 0.2%～0.3% 药量拌种。

(4)药剂防治 一旦发现病苗,须将零星病株及其周围土壤移出苗床。如果苗床土壤太湿,则需撒草木灰或干细土降湿,浇灌或喷洒 400 倍液铜氨合剂,7～10 天后再喷 1 次,可防止病情蔓延。发病初期可喷洒 75% 百菌清可湿性粉剂 600 倍液,或 40% 三乙膦酸铝可湿性粉剂 300 倍液,或 25% 甲霜灵可湿性粉剂 800 倍液,或 64% 噁霜·锰锌可湿性粉剂 500 倍液,或 58% 瑞毒锰锌可湿性粉剂 500 倍液,或 72% 霜脲氰·代森锰锌可湿性粉剂 600～850 倍液,或 72.2% 霜霉威水剂 400 倍液。防治灰霉病可使用 50% 腐霉利可湿性粉剂,或 50% 异菌脲可湿性粉剂,或 65% 抗霉威可湿性粉剂,或 45% 特克多悬浮剂,或 2%BO-10 水剂及多氧霉素等药剂。

二、苗期生理病害

1. 菜苗沤根

【危害症状】 沤根为生理病害,是因低温潮湿引起的,可危害瓜类、茄果类、豆科、葱蒜类及根类蔬菜等。蔬菜苗期遇到连阴雨天气或浇水过多,造成土壤水分过大,土温低,幼苗根系的呼吸作用弱,吸水力降低,易发生沤根,不发新根,根皮变黄褐色,最后腐烂。沤根苗在茎基部和根部不产生病斑,也不长霉状物,容易拔出,没有根毛,主根和须根腐烂。严重时,可造成幼苗成片枯死。

【发病原因】 该病系育苗期间幼苗遇到不适宜的气候条件所引起,尤其是土壤温、湿度对幼苗生长关系甚大。长时间的阴雨或雪天,使苗床不能及时通风透光,光照不足,床温低于 15℃,且持续时间较长,床土过湿,根部缺氧,均会导致幼苗不发新根,诱发病害。

【防治方法】　①苗床要平整,不积水,浇水时严防大水漫灌。②加强苗床管理,尤其要加强苗床温、湿度的管理,避免低温高湿。准确掌握通风时间及通风量,控制苗床温度,白天保持在 20℃～25℃,夜间为 15℃(不低于 12℃),创造幼苗生长的优良环境。③早春育苗时,地温偏低,可采用地热线育苗,以提高地温,控制病害的发生。④幼苗发生轻微沤根时,应立即控制浇水,及时松土散湿,提高地温,并同时向苗床撒施干草木灰。

2. 菜苗烧根

【危害症状】　秧苗烧根现象是由于育苗床肥料过多,土壤溶液浓度过大造成的,一般土壤溶液浓度超过 0.5％～1％就会烧根。秧苗烧根后,根系很弱,变成黄色,地上部叶片小,叶面发皱,边缘焦黄,植株矮小。

【发病原因】　①追肥量过大。化肥或人、畜粪尿一次施入量过大,会造成土壤肥料浓度过高,使作物根系吸收养分和水分受阻,从而发生肥害。②施入未腐熟的有机肥。未腐熟的有机肥在分解过程中,会产生大量的有机酸和热量,易造成烧根现象。

【防治方法】　①苗床施肥量要适当。②有机肥料必须腐熟再施用,尤其是禽粪须经发酵后与化肥混合使用。③合理使用化肥,尤其是氮肥一次施用量不能过多。④发生烧根现象后,可选晴天适当浇水,以降低土壤溶液浓度,并提高床温。

第二节　虫　害

1. 蝼　蛄

别名拉拉蛄、地拉蛄、地狗子等,属直翅目蝼蛄科。我国的蝼蛄主要有华北蝼蛄、东方蝼蛄两种。华北蝼蛄多分布于东北、西北、华北、华东(部分)等地区。东方蝼蛄在全国广泛分布,以南方各地、黑龙江省和吉林省东部发生量大。

蝼蛄食性极杂,可为害多种蔬菜。以成虫、若虫在土中咬食播下的种子和萌发的幼芽,咬断嫩茎;苗大以后,将根茎部咬成乱麻状,常造成缺苗断垄。蝼蛄活动时将土面串成纵横交错的隆起"隧道",使根、土分离形成"吊根",导致幼苗成片死亡,严重时须重种。

【形态特征】

(1)成虫　非洲蝼蛄体长30~35毫米,体瘦小、灰褐色,腹部末端近纺锤形,后足胫节背面内侧有3~4个距;华北蝼蛄体长36~55毫米,体肥大、黄褐色,腹部末端近圆筒形,后足胫节背面内侧有1个矩或消失。

(2)若虫　非洲蝼蛄共6龄,2~3龄后与成虫的形态、体色相似;华北蝼蛄共13龄,5~6龄后与成虫的形态、体色相似(图4-1)。

【生活习性】　华北蝼蛄约3年发生1代,卵期17天左右,若虫期30天左右,成虫期近1年。以成虫、若虫在67厘米以下的无冻土层中越冬,每窝1只。越冬成虫在翌年3~4月份开始活动。5月上旬至6月中旬,当平均气温和20厘米土温为15℃~20℃时进入为害盛期,并开始交尾产卵。产卵期约1个月,平均每雌产卵288~368粒。卵产在10~25厘米深处预先筑好的卵室内,其场所多在轻盐碱地或渠边、路旁、田埂附近。6月下旬至8月下旬天气炎热,该虫则潜入土中越夏,9~10月份再次上升至地表,形成第二次为害高峰。

非洲蝼蛄在大部分地区1年发生1代,东北与西北两年1代。其活动及为害规律与华北蝼蛄相似,但交尾、产卵及若虫孵化期均提早20天,平均每雌产卵60~100粒,产卵场所多在潮湿的地方。

两种蝼蛄均昼伏夜出,夜间9~11时活动最盛,雨后活动更甚。具趋光性和喜湿性,对香甜物质如炒香的豆饼、麦麸以及马粪

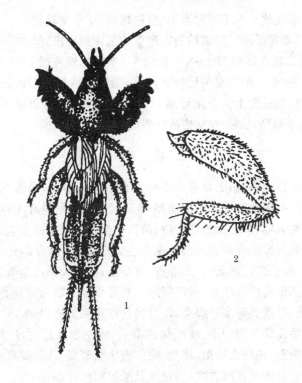

图 4-1　蝼　蛄
1. 华北蝼蛄　2. 非洲蝼蛄后足

等农家肥具强烈趋性。

【防治方法】

(1)农业防治　提倡水旱轮作,菜田换茬时应深耕细耙,不施未经腐熟的农家肥等,造成不利于蝼蛄生活的环境,可减轻危害。

(2)毒饵诱杀　将豆饼、棉仁饼或麦麸 5 千克炒香,或秕谷 5千克煮至三成熟晾至半干,再用 90％敌百虫晶体或 50％辛硫磷乳油 150 克对水 30 倍拌匀,结合播种,每 667 平方米用 1.5～2.5 千克撒入苗床,或出苗后将毒饵(谷)撒在地里和苗床上。也可用

40％乐果乳油 0.5 千克对水 10 倍加饵料 50 千克拌制。

（3）灌药防治　对蝼蛄为害严重的苗床或菜田，每 667 平方米用 10％二嗪农颗粒剂 2～3 千克或 5％辛硫磷颗粒剂 1～1.5 千克与 15～30 千克细土混匀后撒于床上、播种沟或移栽穴内，待播种和菜苗移栽后覆土。苗床可用 80％敌敌畏乳油 30 倍液灌洞，或用 50％辛硫磷乳油 1 000 倍液灌根，也有一定的效果。

2. 蛴　螬

别名白地蚕、白土蚕等。蛴螬是金龟子的幼虫，属鞘翅目，金龟甲科。我国菜田中发生的蛴螬有 30 余种，常见的有 4 种，即东北大黑鳃金龟、华北大黑鳃金龟、暗黑鳃金龟和铜绿丽金龟。暗黑鳃金龟和铜绿丽金龟在各地普遍发生；东北大黑鳃金龟分布于东北地区和内蒙古、河北、甘肃等省、自治区；华北大黑鳃金龟从黑龙江至长江以南以及江苏、浙江等地均有发生。蛴螬为害豆类、茄果类、瓜类、叶菜类等多种蔬菜，以及粮食作物和果树、林木等。蛴螬在地下啃食萌发的种子、咬断幼苗根茎，致使全株死亡，严重时造成缺苗断垄；还啃食块根、块茎，使作物生长衰弱，降低蔬菜的产量和质量。其成虫喜取食大豆、花生及果树的叶片。

【形态特征】

（1）成虫　体长 16～22 毫米，体黑褐色至黑色、有光泽。鞘翅长椭圆形，每侧各有 4 条明显的纵隆线。前足胫节外侧有 3 个齿，内侧有 1 个距。

（2）幼虫　老熟幼虫体长 35～45 毫米，体乳白色、多皱纹，静止时弯成"C"字形。头部黄褐色或橙黄色。

（3）蛹　体长 21～23 毫米，为裸蛹。头小、体稍弯曲，由黄白色渐变为橙黄色（图 4-2）。

【生活习性】　在北方多为 2 年 1 代，以幼虫和成虫在 55～150 厘米深的无冻土层中越冬。卵期一般为 10 余天，幼虫期约

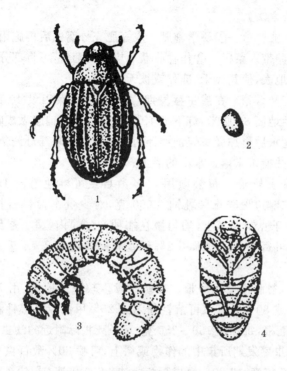

图4-2 蛴螬
1. 成虫 2. 卵 3. 幼虫 4. 蛹

350天,蛹期约20天,成虫期近1年。5月中旬至6月中旬为越冬成虫出土盛期,夜间8～9时为成虫取食、交尾活动盛期。卵多散产在寄主根际周围松软潮湿的土壤内,以水浇地分布居多,每雌可产卵百粒左右。当年孵出的幼虫在立秋时进入3龄盛期,土温适宜时,造成严重为害。秋末冬初土温下降后即停止为害,下移越冬,并在翌年4月中旬形成春季为害高峰。夏季高温时则入地筑土室化蛹,羽化的成虫大多在原地越冬。成虫有假死性、趋光性和喜湿性,并对未腐熟的厩肥有较强的趋性。

【防治方法】

(1)农业防治　①科学施肥。农家肥充分腐熟后再施用,避免将幼虫和卵带入菜田。②作物收获后应及时翻耕,可将部分成虫、幼虫翻至地表,使其风干、冻死或被天敌捕食。

(2)灯光诱杀　在成虫盛发期,可每2公顷菜田设40瓦黑光灯1盏,距地面30厘米,灯下挖坑(直径约1米),铺膜做成临时性水盆,加满水后再加微量煤油漂浮封闭水面。傍晚开灯诱集,清晨捞出死虫并捕杀未落入水中的活虫。

(3)毒土防治　每公顷用80%敌百虫可溶性粉剂1 500～2 250克,或50%辛硫磷乳油3 000克,对少量水稀释后拌细土225～300千克制成毒土,均匀撒在播种沟(穴)内,覆1层细土后播种。也可每667平方米用2%甲基异柳磷粉剂2～3千克拌细土制成。

(4)药剂防治　①灌根。在蛴螬发生较重的地块,用50%辛硫磷乳油或80%敌百虫可溶性粉剂或25%甲萘威可湿性粉剂各800倍液灌根,每株灌150～250克,可杀死根际附近的幼虫。②喷雾。在成虫盛发期所集中的作物或树上,可喷80%敌百虫可溶性粉剂1 000倍液,或20%氰戊菊酯乳油4 000倍液,或40%乐果乳油800倍液,也可用配好的毒土进行防治,均有良好效果。

3. 地 老 虎

别名为土蚕、黑地蚕、切根虫等。地老虎属鳞翅目,夜蛾科。我国蔬菜田常见的地老虎有3种,学名为小地老虎、黄地老虎、大地老虎。小地老虎全国各地普遍发生,黄地老虎主要在华北、华中、华东、西南和西北等地区发生,大地老虎全国各地均有发生。

地老虎食性极杂,主要为害春播(栽)蔬菜幼苗和茄果类、瓜类、豆类、葱蒜类及十字花科等蔬菜。初龄幼虫只在叶上咬成缺刻或小孔,3龄以后食量大增,常将幼苗从茎基部咬断,或咬食子叶、嫩叶,常造成缺苗断垄甚至毁种,给蔬菜生产带来严重影响。

【形态特征】

(1)成虫 体长 16～23 毫米,翅展 42～54 毫米,体暗褐色。前翅中室附近肾形斑、环形斑明显,在肾形斑外侧有 3 个楔形黑斑,尖端相对。后翅灰白色。

(2)卵 半球形,卵壳上有纵横隆纹,高 0.5 毫米,宽 0.6 毫米。初产时乳白色,后变为淡黄色至灰黑色。

(3)幼虫 体长 42～47 毫米,黄褐色至黑褐色,体表粗糙,布满龟裂状皱纹和黑色小颗粒。腹部第一至第八节背面各有 4 个黑色毛片。臀板黄褐色,有 2 条深褐色纵带。

(4)蛹 体长 18～24 毫米,红褐色,有光泽。第五至第七腹节背面的刻点比侧面的大,腹末有 1 对臀棘,呈分叉状(图 4-3)。

【生活习性】 小地老虎由北至南 1 年发生 2～7 代。在长江流域以老熟幼虫、蛹和成虫越冬,再往南可全年繁殖为害;往北尚未查到越冬虫态和场所,推测北方地区春季虫源由南方迁飞而来。全国绝大多数地区均以第一代为害严重,从北到南一般为 3 月中旬至 6 月中旬。高温不利于小地老虎的生长发育和繁殖。当平均气温在 30℃以上时,其群死亡率显著上升、出生率大为降低。因此,其余各代的为害较轻。成虫白天栖息在杂草或土块缝隙处,夜间出来取食、交尾和产卵,尤以黄昏后活动最盛。成虫趋光性和趋化性强,喜食糖、醋等带酸甜味的汁液。羽化后需取食花蜜补充营养。卵散产或成堆产在低矮杂草幼苗的叶背或嫩茎上,也可产在田间枯根上,每雌平均产卵 800～1 000 粒。当气温为 16℃～17℃时,卵期约 11 天。幼虫共 6 龄,3 龄前大多在寄主心叶里,也有的藏在土表、土缝中,昼夜取食寄主嫩叶。4～6 龄幼虫,白天潜伏浅土中,夜出活动为害,尤其在天刚亮多露水时为害最重。5～6 龄为暴食期,取食量占整个幼虫期的 95%。3 龄后的幼虫具假死性和互相残杀的习性。老熟幼虫潜土筑土室化蛹。小地老虎喜温暖

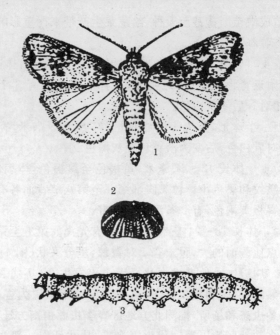

图 4-3 小地老虎
1. 成虫 2. 卵 3. 幼虫

潮湿的环境条件。因此,在地势低洼,土壤黏重,杂草丛生及菜田等地为害严重。遇早春气温偏暖、第二代卵盛孵期及1~2龄幼虫盛期雨少时,则幼虫存活率高,当年为害也重。

【防治方法】

(1)农业防治 铲除菜地及周围和田埂杂草,春耕耙地,秋翻晒土及冬灌,均能杀灭虫卵、幼虫和部分越冬蛹。

(2)毒饵诱杀 ①春季用糖醋液诱杀越冬代成虫。糖、醋、酒、水的比例为3∶4∶1∶2,加少量敌百虫。将诱液放入盆内,于傍晚摆放到田间距地面1米处诱杀成虫,每2000平方米放1盆。翌日早晨收回盆或盆上加盖,以防诱液蒸发。10天左右更换1次诱液。②先将 5 千克棉籽饼或菜籽饼炒香,再将 80％敌百虫可溶性粉剂或 50％辛硫磷乳油 60～120 克用少量水稀释倒入料中拌匀,可供 667 平方米菜地使用。也可将上述药液与切碎的鲜草 15～20 千克拌成毒饵,傍晚时撒在苗根附近。

(3)人工捕捉 ①蔬菜苗期发现有地老虎为害时,于清晨扒开断苗周围的表土,可捉到潜伏的高龄幼虫,应连续捕捉几天。另外,浇水时幼虫常从土中爬出逃生,可随时捕捉,以减轻为害。②采集新鲜泡桐树叶,用水浸泡后,于第一代幼虫期傍晚放入被害菜田,每 667 平方米用 50～70 片叶,于翌日清晨捕捉叶下幼虫。也可用新鲜菜叶、杂草诱集捕杀。

(4)药剂防治 幼虫 3 龄前为防治适期,蔬菜生产可在 2 龄幼虫盛期施药。①喷雾(粉)法。用 2.5％溴氰菊酯乳油 2 000 倍液,或 20％氰戊菊酯乳油 3 000 倍液,或 80％敌百虫可溶性粉剂800～1 000 倍液,或 50％辛硫磷乳油 800 倍液喷雾。也可每 667 平方米用 2.5％敌百虫粉剂 1.5～2 千克喷粉。②药剂灌根。虫龄较大时,可选用 50％辛硫磷乳油或 50％二嗪农乳油或 80％敌敌畏乳油 1 000～1 500 倍液灌根,杀死土中幼虫。

思 考 题

1. 如何防治蔬菜苗期发生的猝倒病和立枯病?

2. 蔬菜苗期主要有哪些虫害? 如何防治?

第五章 茄科蔬菜病虫害

第一节 病 害

本章主要介绍番茄、辣（甜）椒、茄子常发生的主要病害。有的病害为本科蔬菜共有，如苗期病害、灰霉病、枯萎病、黄萎病、白绢病、青枯病、病毒病等；有的病害只发生于一种作物上，如叶霉病只侵染番茄，褐纹病只侵染茄子。

1. 番茄病毒病

番茄病毒病又称毒素病，是番茄的主要病害之一。全国各地普遍发生，对生产影响很大，造成大幅度减产，严重地块甚至绝收。发病率以花叶型最高，蕨叶型次之，条斑型较少，而危害程度以条斑型最严重甚至绝收，蕨叶型居中，花叶型较轻。

【症状】 有3种类型。

（1）花叶型 叶片出现明脉、轻重花叶、斑驳和皱缩，顶叶变小，叶细长、狭窄或扭曲畸形，植株稍微矮小，出现落花落果、果小质劣，果面着色不均匀而呈花脸状。

（2）蕨叶型 黄绿色顶芽幼叶细长，呈螺旋形下卷，并自上而下叶片全部或部分变成蕨状叶，叶片背面叶脉紫色，微现花斑。中下部叶片边缘向上卷曲，特别是下部叶片有的卷成筒状。花冠肥厚增大，形成巨花。病果畸形，剖视果心呈褐色。植株矮化，细小簇生。

（3）条斑型 可发生在叶片、茎蔓和果实上。叶片上为茶褐色斑点或云纹斑；茎蔓初生暗绿色下陷短条纹，后为深褐色油渍坏死条纹,可蔓延围拢使病株死亡。果面上布有形状不一的褐色斑块或呈淡褐色水烫状坏死。病部变色仅局限于表皮组织,不深入茎内和果肉。

【病　　原】　引起番茄病毒病的毒原有20多种,主要有烟草花叶病毒(TMV)、黄瓜花叶病毒(CMV)。花叶型症状主要由烟草花叶病毒或黄瓜花叶病毒所致,蕨叶型症状主要是黄瓜花叶病毒引起,条斑坏死型症状主要是烟草花叶病毒的条斑株系及烟草花叶病毒和黄瓜花叶病毒等的复合侵染引起。

【发病规律】

(1)传播方式　烟草花叶病毒在遗留土壤里的病株残体上和越冬寄主上越冬,种子、农具、架杆等也可以潜伏病毒。黄瓜花叶病毒主要在野生寄主宿根上和栽培寄主植株上越冬,成为翌年初侵染源。烟草花叶病毒由汁液接触传染,从寄主伤口侵入,农事操作过程极易通过人手和工具等传播,病种子可使幼苗染病。黄瓜花叶病毒由蚜虫迁飞和汁液接触传染。

(2)发病条件　该病发生与环境条件关系密切。高温干旱时,蚜虫数量大、迁飞早;蹲苗过度,贫瘠或氮肥过多,地势低洼,排水不良,均有利于番茄病毒病的发生。种过越冬菜和春小菜的回茬地,腾地晚、定植迟,苗龄小和幼苗徒长,定植后未缓苗即遇阴雨天等,也会促使发病。不同类型栽培以夏秋季露地和大棚番茄发病最重。

【防治方法】

(1)选用抗病和耐病品种　如毛粉802,中蔬4号、5号、6号,佳粉10号,双抗2号,542粉红番茄等品种。

(2)种子消毒　播种前种子用清水浸种3～4小时,再放入10%磷酸钠溶液中浸40分钟,捞出以后用清水冲净,然后进行催芽播种。还可用肥皂水搓洗种子4～6分钟,再放入0.1%高锰酸钾溶液中浸10～15分钟。

（3）加强栽培管理　实行 2 年以上轮作；结合深翻，促使带毒病残体腐烂；适期播种，适时定植，合理密植。生长期适时浇水、施肥，坐果后浇水要注意加粪稀和化肥。田间管理过程中，避免人为接触传染，如在进行分苗、定植、整枝、绑蔓、打杈时，有病的和无病的分开操作。接触病株后，用肥皂洗手，晾干后再操作。也可以在操作前对植株表面喷洒病毒钝化剂，如豆粉 10 倍液或皂角 10 倍液，或喷洒 83 增抗剂 100 倍液，对防止接触传染有一定的作用。

（4）避蚜和及时治蚜　夏秋茬番茄育苗应采用防虫网或在苗床上拉银灰色薄膜条的措施避蚜，并及时喷洒杀虫剂防治蚜虫，减少病毒的传播。

（5）药剂防治　在定植前后各喷 1 次 83 增抗剂 100 倍液，或分苗前 1 次、定植后 3 次喷洒菇类蛋白多糖（抗毒剂 1 号）200～300 倍液。发病初期喷洒 20％盐酸吗啉胍·铜（病毒 A）可湿性粉剂 500 倍液或高锰酸钾 1 000 倍液。

2. 番茄叶霉病

叶霉病又称黑霉病，俗称黑毛。该病仅危害番茄，是保护地番茄栽培中的一种主要病害。叶霉病菌的抗药性较强，若防治不及时，会造成严重危害。

【危害症状】　该病主要危害叶片，茎、花及果实也可受害。叶片受害，最初叶面呈现圆形或不规则形、淡绿色或黄绿色的褪绿斑点。叶背部初生白色霉层，后霉层逐渐变为灰褐色或黑褐色，呈绒状，即为病菌的分生孢子和分生孢子梗。条件适宜时，病斑正面也可长出黑霉。病部最后变为黄褐色，病叶稍皱缩、枯萎而提早脱落。病害常自下而上扩展蔓延，导致全株叶片发病。果实上的病斑多环绕蒂部，圆形，黑色，逐渐硬化，稍凹陷；在老病斑的表皮下，有时产生针尖状的小黑点，即为病菌的菌丝块。嫩茎及果柄上的病斑与叶片上的相似，并可延及花部，引起花器凋萎或幼果脱落。

【病　　原】　黄枝孢菌,属半知菌亚门真菌。

【发病规律】

(1)传播方式　叶霉病菌,主要是以菌丝体随病残体在土壤中越冬,其次是以分生孢子附在种皮上越冬。病菌产生分生孢子,通过气流传播,经气孔侵入,引起初发病。带菌的种子也会引起幼苗发病,成为另一个初侵染来源。

(2)发病条件　空气相对湿度80％以上,有助于病菌侵染和孢子形成;空气相对湿度达90％以上且气温为20℃～25℃,病菌迅速繁殖,病害严重发生,仅10～15天就可使整个保护地内普遍发病,甚至出现大量干枯叶片。一般保护地湿度偏高,春大棚遇上连阴天或连雨天,加之通风不及时,棚内温暖、湿度大,更使病害迅速发展和蔓延。另外,植株过密,生长过旺,管理又跟不上,也是病害加重的条件。

【防治方法】

(1)选用抗病品种　双抗2号和从中选育的系列品种及佳红等品种抗性较强,各地也有较好的抗病品种,可因地制宜地加以选择。

(2)定植前熏棚　定植前密闭棚室,每55立方米空间用硫黄0.13千克与锯末0.25千克混匀后,用木炭或煤球点燃,熏24小时。

(3)生态防治　加强棚内温、湿度管理,适时通风,适当控制浇水,浇水后及时排湿,使其形成不利于病害发生的温、湿度条件;合理密植,及时整枝打杈;实行配方施肥,避免氮肥过多,提高植株抗病力。

(4)药剂防治　发病初期,每667平方米用45％百菌清烟剂250～300克点燃后熏一夜,或于傍晚喷撒7％叶霉净粉尘剂或5％百菌清粉尘剂1千克,隔8～10天喷1次,连续或交替使用。也可每667平方米喷洒2％BO-10水剂100～150倍液,或50％异菌脲可湿性粉剂 1 500～2 000 倍液,或 70％甲基硫菌灵可湿性粉剂 800～1 000 倍液,或 60％多菌灵盐酸盐超微粉 600 倍液 50～65 千克,隔 7～10 天喷 1 次,连续喷 2～3 次。

3. 番茄早疫病

番茄早疫病又称轮纹病。该病从苗期至成株期均可发生,是番茄常发生的病害。主要危害叶片,也危害叶柄、茎及果实。果实受害后不膨大,或虽膨大但影响品质。

【危害症状】 叶片受害,产生褐色圆形或近圆形病斑,边缘有黄色或黄绿色晕环,中央有暗褐色同心轮纹。在潮湿的环境下,病斑上产生黑色霉层,即为病菌的分生孢子梗及分生孢子。病害常从植株下部叶片开始,逐渐向上扩展,严重时病叶干枯易早落;茎上的病斑多发生在分权处,灰褐色,椭圆形或梭形,稍凹陷,严重时可造成茎秆折断。果实受害,多从果蒂附近或有裂缝处发生,病斑褐色或暗褐色,稍凹陷,具有轮纹,上生黑霉。病果易开裂和提早变红、脱落。如湿度太大,病斑上可能有二次寄生菌而造成烂果。

【病　原】 由茄链格孢菌侵染所致,属于半知菌亚门真菌。

【发病规律】

(1)传播方式 早疫病病菌主要是以菌丝体和分生孢子随病残体在土壤中或随种子越冬。分生孢子通过气流和雨水传播。病菌一般从气孔或伤口处侵入,也能从表皮直接侵入。在适宜的条件下,病菌侵入后 2～3 天,便可形成病斑。再经过 3～4 天,病斑上就可以形成大量的分生孢子,然后开始新一轮的传播和侵染。

(2)发病条件 早疫病是一种喜高温、高湿的病害,在温度为 15℃左右开始发病,病菌生长的最适温度是 26℃～28℃,分生孢子萌发的最适温度是 28℃～30℃。在春季大棚番茄中,如遇多日连阴,棚内湿度大,有利于病害的发生。早疫病的病菌是一种兼性腐生菌,当田间管理不善使植株生长不良时,会加重病情的发展。

【防治方法】 番茄早疫病菌对化学药剂的抗性较强,因此在选用抗病品种、加强栽培管理的基础上,必须喷药保护,以控制病菌的危害。

(1)加强栽培管理 选用抗病品种,与非茄科作物实行 2～3 年以上的轮作;施足基肥,增施磷、钾肥,及时追肥。此外,还应合理密植,彻底清除病残体,以减少菌源。

(2)生态防治 由于早春棚室定植时昼夜温差大,棚室内空气相对湿度高达 80％以上,易结露,有利于早疫病的发生和蔓延,应重点调整好棚内温、湿度,防止室内湿度过大,减缓该病发生蔓延。

(3)药剂防治 发病初期,摘除病叶及下部老叶,及时喷药保护。保护地以上午喷药为好。喷药时应均匀、周到,不要漏喷。防治早疫病可以选用下列药剂:50％异菌脲可湿性粉剂 1 000 倍液,75％百菌清可湿性粉剂 500 倍液,64％噁霜·锰锌可湿性粉剂 500 倍液,58％甲霜灵·锰锌可湿性粉剂 500 倍液。每 7～10 天喷 1 次,根据病情连续喷洒 2～4 次。也可采用粉尘法,于发病初期每 667 平方米喷撒 5％百菌清粉尘剂 1 千克,每隔 9 天喷 1 次,连续防治 3～4 次;或施用 45％百菌清烟剂或 10％腐霉利烟剂 200～250 克。茎部发病,除喷药外,也可把 50％异菌脲可湿性粉剂配成180～200 倍液,涂抹病部。

4. 番茄晚疫病

番茄晚疫病又称番茄疫病,是番茄的重要病害之一。

【危害症状】 该病主要危害叶片和果实,也可危害茎和叶柄。叶片及茎受害,一般中、下部叶片先发病,常从叶尖和叶缘开始产生暗绿色水渍状病斑,圆形或近圆形,边缘不明显,病斑迅速变为暗褐色或暗紫色,病斑背面边缘产生稀疏的白色绵霉状物,即病菌的孢子囊梗及孢子囊。在潮湿的环境下,病斑很快扩及全叶,腐烂、变黑褐色。茎及叶柄受害,症状与叶片症状相似,只是病斑稍凹,病部霉状物较明显。果实受害,最初果面上长出灰绿色水渍状硬斑块,不规则形,不久病斑中间呈黑褐色,向外颜色渐变浅,无明显边缘。病斑渐扩大,但质地仍挺实。湿度大时,在病部破伤处可产生白色绵霉状物。

【病　原】　由致病疫霉菌侵染引起,属鞭毛菌亚门真菌。

【发病规律】

(1)传播方式　病菌主要以菌丝体在马铃薯块茎和温室番茄植株上越冬,或以厚垣孢子在落入土中的病株残体里越冬,成为翌年初侵染病源。番茄或马铃薯感病后形成中心病株,产生大量孢子囊,借助风雨传播,由寄主气孔或表皮直接侵入,扩大再侵染,蔓延迅速。

(2)发病条件　形成孢子囊的最适温度为 $18℃\sim22℃$,最适空气相对湿度为 95% 以上;孢子囊产生游动孢子的适温为 $10℃\sim13℃$,并在寄主叶面有水膜时侵染;菌丝生长最适温度 $20℃\sim23℃$。因此,高湿低温,特别是温度波动较大时,有利于病害流行。降雨的早晚、雨量的大小和持续的时间,均直接影响到大田病害发生的程度。此外,氮肥过多、密度过大,保护地通风不及时等原因,均可诱发病害。番茄晚疫病是一种真菌性的疾病,当发病条件适合时,如防治不当,会在短时间内造成大流行,几天的时间内会导致整棚或整块地番茄死亡。

【防治方法】

(1)栽培管理　与非茄科植物实行 3 年以上轮作;合理密植;采用配方施肥技术,加强田间管理;及时打杈,适当摘除底部老叶改善通风、透光条件。棚室要注意防寒保暖,控制浇水和注意通风排湿。

(2)生态防治　保护地从苗期开始,就要严格控制生态条件,防止棚室出现高湿条件。

(3)药剂防治　番茄晚疫病发生蔓延迅速,一旦普遍发病后,再防治效果很差。发现中心病株(病叶或病果)时要立即摘除,妥善处理,并立即进行药剂防治。可以使用 25％甲霜灵可湿性粉剂 600～800 倍液,或 64％噁霜·锰锌可湿性粉剂 500～600 倍液,或 72％克露可湿性粉剂 600～800 倍液,或 72.2％霜霉威水剂 800 倍液,或 40％甲霜铜可湿性粉剂 700～800 倍液喷雾。每 667 平方米用对好的药液 50～60 千克喷雾,每 7～10 天喷 1 次,依病情轻重视天气情况共喷 3～5 次。喷药主要是保护果实,直到果实采收完为止。也可以用甲霜铜 600 倍液或 60％琥·乙磷铝可湿性粉剂 400 倍液灌根,每株灌 0.3 升,每 10 天左右灌 1 次,共灌 3次。对保护地采用烟雾法防治,每 667 平方米用 45％百菌清烟剂 200～250 克预防或熏治。每 667 平方米也可喷 5％百菌清粉尘剂 1 千克,隔 9 天喷 1 次。

5. 番茄灰霉病

【危害症状】　该病可危害花、果、叶及茎。染病青果受害重,残留的柱头或花瓣多先被侵染,后向果面或果柄扩展,致果皮呈灰白色、发软腐烂,病部长出大量灰褐色霉层,即病菌的分生孢子梗及分生孢子;叶片染病,多始自叶尖,病斑呈"V"形向内扩展,初呈水浸状,浅褐色,边缘不规则,具深浅相间轮纹,后干枯,表面生有灰霉;茎染病,开始也呈水浸状小点,后扩展为长圆形或长条形斑,湿度大时,斑上生出灰褐色霉层,严重时引起病部以上枯死。

【病　　原】　灰葡萄孢,属半知菌亚门真菌。

【发病规律】

(1)传播方式　主要以菌核在土壤中或以菌丝及分生孢子在病残体上越冬或越夏。翌年春条件适宜时,菌核萌发,产生菌丝体、分生孢子梗及分生孢子。分生孢子成熟后脱落,借气流、雨水或露珠及农事操作进行传播;萌发时产出芽管,从寄主伤口或衰老的器官及枯死的组织上侵入。病株上产生的分生孢子,借助气流、灌水或雨水传播,由寄主伤口、衰败的器官等处侵入,进行再侵染而扩大蔓延。蘸花是重要的人为传播途径。

(2)发病条件　低温高湿是发病的必要条件,其中湿度为发病的主导因素。病菌发育的最适温度为 21℃～23℃。空气相对湿度持续 90% 以上,病害严重发生。植株过密、生长过旺、连雨降温、通风不及时、保护地内湿度过大等,均有利于发病。

【防治方法】

(1)加强栽培管理　浇水宜在上午进行。发病初期适当节制浇水,严防过量。每次浇水后,加强管理,防止结露。发病后,及时摘除病果、病叶和侧枝烧掉或深埋。

(2)采用生态防治　加强通风管理,晴天上午晚通风,棚温升至 33℃ 时开始通顶风;下午棚温保持在 20℃～25℃,夜间棚温保持在 15℃～17℃。

(3)药剂防治　在关键期用药:定植前喷药,蘸花时带药,浇催果水前 1 天喷药。也可以在发病始期使用烟剂或粉尘剂,或喷洒 50% 腐霉利可湿性粉剂 1 500～2 000 倍液,或 45% 特克多悬浮剂 3 000～4 000 倍液,或 50% 异菌脲可湿性粉剂 1 500 倍液,或 60% 多菌灵盐酸盐超微粉 600 倍液,或 2%BO-10 水剂 150 倍液,隔 7～10 天喷 1 次。每 100 立方米施特可多烟剂 50 克,或每 667 平方米用 10% 腐霉利烟剂或 45% 百菌清烟剂 250 克熏 1 夜,隔 7～8 天熏 1 次。也可于傍晚喷撒 5% 百菌清粉尘剂,每 667 平方米喷 1 千克,隔 9 天喷 1 次,视病情与其他杀菌剂轮换使用。

6. 番茄青枯病

又名细菌性枯萎病,在长江以南地区危害严重。青枯病的发生正值番茄开花坐果期,造成植株成片死亡,严重减产。

【危害症状】　番茄青枯病是一种侵害维管束组织的病害。发病时,先是上部叶片萎蔫,紧接着是下部叶片,而中部叶片反应最迟。病株开始只在中午萎蔫,傍晚以后恢复正常,几天后死亡,但叶片仍然是绿色,只是颜色稍淡。将茎部切开,可看到维管束组织变褐、腐烂,用手挤压,在切口处从导管中渗出污白色的黏液。

【病　原】　青枯假单胞菌属细菌。

【发病规律】

(1)传播方式　病菌主要随病株残体落入土壤里越冬,并能营腐生生活1~6年。病菌借助于水活动,触及到寄主植物,便从根部和茎基部的伤口侵入,并顺导管液向上移,扩散分布。细菌在植株导管内繁殖和代谢过程中破坏了导管输水功能,植株因缺水而萎蔫。田间病菌主要通过雨水、灌溉水、农具和昆虫等传播。

(2)发病条件　病菌适于微酸性土壤生存。在微酸性土壤上青枯病发生重。当土壤pH值在7.2以上时,青枯病的发生受到抑制。因此我国南方发生重,北方发生轻。危害程度和发病早晚与当年雨季来临早晚和雨量大小密切相关。一般连阴雨天过后天气转晴,土温随气温急剧回升,常引起病害流行。番茄等茄科作物连作、地势低洼、排水不良、植株出现伤口等,也是发病的重要条件。

【防治方法】

(1)实行轮作　发病重的地块轮作期为4~5年。最好与禾谷类作物或葱蒜类蔬菜轮作,也可以与瓜类蔬菜轮作,但不能与茄科和豆科蔬菜轮作。在有条件的情况下,尤其是温室大棚中,可撒施适量石灰,每667平方米施用100~150千克生石灰,调节土壤pH值,使之不适合青枯病的发生。

(2)药液灌根　用72%农用链霉素可溶性粉剂或新植霉素3 000~4 000倍液,或77%氢氧化铜可湿性微粒粉600倍液,或30%琥胶肥酸铜600倍液,或农抗“401”杀菌剂500倍液,或1:1:200倍的波尔多液,每株灌药液250~500毫升,间隔10~15天灌1次,连灌3~4次,可控制病情的发展。

7. 番茄枯萎病

番茄枯萎病也是一种侵染维管束组织的病害。该病只危害番茄,不侵害其他蔬菜。

【危害症状】 该病先从靠近地面的叶片开始发生,逐渐向上发展,叶片发黄,随后变褐枯死,但不脱落。发病常常从植株的一侧开始,另一侧正常。有时在一张叶片上,一半发黄,而另一半正常,因而枯萎病又叫"半边枯"。切开病茎,可见维管束组织变成褐色。发病后期,全株叶片萎蔫枯死。当天气潮湿时,在病部产生粉红色的霉状物,这是病菌的分生孢子梗和分生孢子。

【病　原】 番茄尖镰孢菌番茄专化型,属半知菌亚门真菌。

【发病规律】

(1)传播途径 枯萎病是一种真菌病害,病菌既可以菌丝体潜伏在种皮内,又可以菌丝体和厚垣孢子随病残体在土壤中越冬。当无寄主植物时,病菌还可在土壤中营多年的腐生生活。病菌从番茄根部和茎部的伤口侵入,然后在维管束组织中扩散蔓延。病菌在生长过程中,产生一种叫做"番茄凋萎素"的有毒物质,随养分和水分沿输导组织扩散,引起叶片中毒变黄枯萎。该病在田中通过带菌的土壤和流水蔓延。

(2)发病条件 枯萎病发生的最佳温度为28℃,当高于33℃或低于21℃时,不利于该病的发生。土壤湿度越大,发病越严重,尤其是在饱和湿度下,植株根系生长受阻,但却有利于病害的发生。黏重、板结、通透性差的田块,枯萎病发病重。当地里有线虫发生时,由于线虫为害番茄根系,造成伤口,从而有利于病菌的侵入,也加重枯萎病的发生。

【防治方法】

(1)轮作 与其他蔬菜实行3～4年的轮作,最好与葱蒜类蔬菜轮作。

(2)种子消毒　可用 0.1%硫酸铜溶液浸种 5 分钟,洗净后催芽播种。也可用相当于种子重量 0.3%的 50%福美双可湿性粉剂或 50%克菌丹可湿性粉剂拌种。

(3)苗床消毒　在播种前 2～3 周,每平方米床土用福尔马林 40 毫升对水 1～3 升,浇施于床土上,立即用薄膜覆盖 4～5 天后除去覆盖物,经 2 周左右,待药液充分挥发后再播种。也可每平方米用 50%多菌灵可湿性粉剂或 70%甲基硫菌灵可湿性粉剂 8～10 克加细土 4～5 千克拌匀,先将 1/3 的药土施于床面上,余下的药土覆在种子上。

(4)药剂防治　幼苗期发现少量病苗,应马上拔除,并喷药保护,防止蔓延。幼苗期以后,发病初期用药剂灌根。喷药和灌根可用 70%甲基硫菌灵可湿性粉剂 1 000 倍液,或 50%多菌灵可湿性粉剂 600 倍液,或 50%苯莱特可湿性粉剂 600 倍液,每株用药 100毫升,间隔 7～10 天喷(灌)1 次,连喷(灌)3～4 次。

8. 番茄溃疡病

该病是一种毁灭性病害。近年发现在东北、华北等地区局部发生。此病危害大,损失重,且难以根除,已列为国内检疫对象。该病还可侵染辣椒及龙葵和天仙子等野生杂草。

【危害症状】　叶、茎、果均可受害。幼苗染病,可快速枯萎死亡,轻者在移栽前不显症。成株期发病时先在植株下部叶片发生向上纵卷,并凋萎下垂,似缺水状,后叶部边缘及叶脉间变黄,叶片变褐枯死,但不脱落。当病菌沿维管束向上至顶梢时,常有一侧或部分小叶凋萎,其余叶序正常;茎出现褐色狭长条斑,后期下陷,开裂呈溃疡斑,髓部开始变成黄褐色,呈粉状干腐,最后形成空洞。果实受害,滞育、畸形和皱缩,种子不正常。潮湿时,病果产生"雀眼"状白色圆形斑点,后变褐,中央粗糙稍突起,周缘有白色晕圈。因维管束腐烂,常引起植株死亡。

【病　原】　密执安棒杆菌密执安致病型,属于细菌。

【发病规律】

(1)传播方式　病菌在种子和土壤里的病株残体上越冬。可由种子进行远距离传播,在田间借助雨水、灌溉水进行传播。病菌由伤口侵入,也可以从叶片毛状体侵入,在维管束里增殖后分布于植株各部分。

(2)发病条件　气温在25℃以上,雨量大和雨天多,尤其是暴雨多,适宜病害流行。土壤温度达28℃,偏碱性土壤有利于病害发展。此外,常因定植、整枝打杈、耕作及地下害虫造成的伤口,为病菌侵染提供条件而加重发病。

【防治方法】　①建立无病留种地,从无病株上留种。对番茄生产用种严格检疫,严防病菌传播、蔓延。②种子处理。用55℃温水浸种30分钟,或进行70℃干热灭菌72小时,或用硫酸链霉素可溶性粉剂4 000倍液浸种2小时,然后洗净晾干催芽播种。③实行3年以上轮作,及时除草,避免带露水操作。④药剂防治。发现病株及时拔除。全田喷14%络氨铜水剂300倍液,或77%氢氧化铜可湿性微粒粉500倍液,或50%琥胶肥酸铜可湿性粉剂500倍液,或60%琥·乙磷铝可湿性粉剂500倍液,或72%农用链霉素可溶性粉剂4 000倍液。

9. 番茄脐腐病

番茄脐腐病又称蒂腐病、顶腐病、黑膏药。各地常有发生,危害性大,影响果实收成。

【危害症状】　只危害果实,尤其是青果期发病最重。幼果和青果脐部形成水渍状暗绿色病斑,渐变成黑褐色。病斑凹陷,果实底部扁平状、革质化,严重时病斑扩展至半个果面,果实健部变红。在潮湿条件下,病部因腐生菌侵染而生出黑色或红色霉状物。

【病　原】　生理性病害。

【发病规律】　由于干旱,植株得不到充足的水分,或植株生长旺盛时供水严重不足,应输送到果实的水分被叶片夺取,甚而从果实内夺取水分,使果实脐部首先受到干旱影响,因大量失水而引起组织坏死。另外,土壤内钙素不足,或植株不能从土壤中吸收生长发育所需的足够钙素,引起果脐周围细胞生理紊乱,失去控制水分的能力而发病。一般高温干旱天气有利于病害发生。此外,氮肥过量,植株徒长,土层浅根系发育不良,土壤盐碱过重或伤根等,均可促使发病。

【防治方法】

(1)加强肥水管理　施用腐熟农家肥,改良土壤结构,增强土壤蓄水能力;合理使用氮肥,防止植株徒长,提高耐病能力;及时适量浇水,结果期均衡供应水分;根据土壤墒情和植株生长势,适当整枝疏叶。

(2)采用地膜覆盖　覆地膜栽培番茄,可提高地温,促使根系发育,增强吸水能力,并使土壤均衡供水和防止钙的淋溶。

(3)农业防治　适时进行根外追肥,从开花初期喷施 1% 过磷酸钙溶液,或 0.1% 硝酸钙,或 0.1% 氯化钙溶液。每隔 15～20 天喷 1 次,喷施 3～5 次,能增强青果的含钙量,提高抗病能力。

10. 番茄畸形果

番茄畸形果在保护地冬季栽培中常有发生,一般采收期越早病果率越高,严重时可达 20% 以上。

【症　状】　果实膨大后出现桃形、瘤形、歪扭、尖顶或凹顶、脐处果皮开裂、种子向外翻卷等畸形。横切病果,可见心室数增多。

【病　原】　生理性病害。

【发病规律】　主要是由低温障碍引起的生理性病害。番茄花芽分化和发育期(2～3 片至 7～8 片真叶)如受到 8℃ 以下持续低温的影响,加之苗床水分和氮肥过量,易使正常生长的花芽营养过剩,花器心室数形成过多,造成果实畸形。冬春季冷床育苗,如遇到阴雨(雪)天气或受寒潮侵袭,苗床夜间温度低,则形成畸形果多。番茄头穗果的畸形率明显高于二、三穗果,尤以第一、第二朵花最为常见,这种现象在提早育苗情况下易发生。有时花期使用生长素浓度过高,而果实发育养分供应不足,或蘸花(喷花)后花朵尖端残留多余激素水滴,使果实不同部位发育不匀而引起子房畸形发育。

【防治方法】

(1)做好苗期温度管理 提倡应用地热线快速育苗,床土营养要完全,土壤疏松透气,以满足花芽、花器分化和植株发育所需的营养条件。严冬时,苗房应采取加温和保温措施。在花芽分化期,白天温度保持在13℃以上,夜间不低于8℃。大果型品种易出现畸形果,尤应加强苗期温度管理。

(2)加强田间管理 避免偏施氮肥,适量增施磷、钾肥;果实发育期要追肥、浇水。此外,第一花序中的第一、第二朵花易形成畸形,发现后应及时摘除,以利于正常花果的发育。

(3)合理使用植物生长激素 使用2,4-D时不要随意加大浓度,不对未开的花朵喷药。幼苗徒长时,可喷65%比久(B_9)可湿性粉剂2 000毫克/千克加以控制,以培育壮苗,且不影响花芽分化。

11. 番茄裂果病

番茄裂果后易感染多种病害或腐烂,降低产量和品质,影响销售和产值。

【危害症状】 果实成熟期,按裂果发生的部位和裂口形状分为3种类型:①放射状裂果。在果蒂附近发生放射状裂痕,裂口深。②环状裂果。在果实肩部出现同心环的龟裂,裂口浅。③条状裂果。在果顶部位呈不规则条状开裂。

【病　原】　生理性病害。

【发病规律】　在果实发育后期或转色期,果皮和果肉发育不平衡易引起生理病害。如高温和强光照射,或土壤中钙、硼含量不足,引起果实肩部果皮老化,使果皮和果肉膨大不均匀造成裂果;管理不善,土壤水分大干大湿,使果皮生长速度慢于果肉组织的膨大速度,造成裂果。此外,大果型和果皮薄的品种发病重。

【防治方法】

(1)加强栽培管理　增施农家肥,提高土壤涵水性能;保持均衡供水,防止土壤过干过湿;覆盖遮阳网避免强光直射并有降温作用;及时采收果实。

(2)选择抗裂性强的品种　选用苏抗 4 号、5 号、11 号,中蔬 4 号、6 号,中杂 9 号,东农 704 等抗裂性品种。

(3)喷洒保护剂　向果实喷施 0.1％硫酸铜(含量 96％)溶液,或 0.1％硫酸锌溶液,或 0.1％氯化钙溶液,或 27％高脂膜乳剂 80～100 倍液,对预防裂果有一定作用。

12. 番茄 2,4-D 药害

用 2,4-D 蘸花,可防止落花落蕾,但若使用不当,常在叶片和果实上出现药害。

【危害症状】　叶片药害表现为叶片下弯、僵硬、细长,小叶不能展开,纵向皱缩,叶缘扭曲畸形,似病毒病或茶黄螨为害症状。果实药害表现为果实畸形(尖形果等)和裂果。

【病　原】　生理性病害。

【发病规律】　使用 2,4-D 浓度过高,或没有随着棚室内温度升高而降低其蘸花浓度,引起果实药害。2,4-D 直接蘸或滴到嫩叶或嫩枝上,则出现药害;喷施混用 2,4-D 的农药、叶面肥,或误用喷过 2,4-D 的器械,附近农田使用 2,4-D 除草致使雾滴随风飘移危害等,均可造成叶片药害。

【防治方法】 ①严格掌握 2,4-D 使用浓度和方法,该药不能喷施,只能用来蘸花。定植后,气温为 15℃～20℃,2,4-D 浓度以 10～15 毫克/千克为宜;气温升高后,使用浓度可降至 6～8 毫克/千克。防止重复蘸花,以免造成浓度过高而出现裂果或畸形果。②适时蘸花。前期气温低,花数少,每隔 2～3 天蘸 1 次,盛花期每天或隔天蘸 1 次。③番茄盛花期,可改用防落素 25～40 毫克/千克喷花。

13. 番茄果实筋腐病

【危害症状】 果实表皮的维管束部分变褐色;从果柄附近到落花的部分出现长黑褐色条纹。果实成熟之前,从开花后 40 天起出现筋腐,症状严重时,果实到成熟期也不着色而且坚硬。维管束变成褐色的部分,由于延迟着色使表皮变成绿斑。果实着色时,从外部可看出内部的褐变。

【病　原】 生理性病害。

【发病规律】 施氮肥过多,特别是过量施用铵态氮更易发病。温室中光照不足,空气不流通,灌水过多,温度过高,昼夜温差小,缺钾、硼、钙等微量元素等,都是诱发此病的因素。

【防治方法】 ①施肥应注意氮、磷、钾和微量元素配合施用,避免过多单一施用氮肥。②注意土壤的含水量和通透性。如土壤湿度过大,形成板结,通透性不好,引起番茄根的损伤而易发该病。③增强光照。每天揭帘子时,应注意清扫薄膜上的灰尘以提高透光率。定植后,在温室后墙处张挂约 2 米(根据温室高度)高的聚酯镀铝膜作为反光幕,增强室内光照。④根据室内温度变化适量通风,使室内通风良好,避免室内温度过高。

14. 辣(甜)椒病毒病

辣椒病毒病在全国各地普遍发生,危害严重,一般减产 30%

以上,严重的减产达 50％以上甚至绝收。

【危害症状】　甜椒与辣椒上的病毒病症状大致相同,主要分为以下 3 种:①花叶型。叶片明脉或呈现浓绿相间的斑驳,花叶、皱缩或产生褐色坏死斑。②丛簇型。叶片产生黄绿相间的斑驳或黄褐色坏死斑。新叶变窄小或呈线状,叶边缘向上卷曲。植株节间缩缩、生长矮小,中上部分枝极多,呈丛簇状。果实表面有浅黄色至褐色同心环纹斑块。③坏死型。叶脉呈褐色或黑褐色坏死,沿叶柄扩展到茎秆,形成系统坏死条斑,造成落叶、落花、落果,严重时整株矮化,叶少而小,最后枯死。

【病　　原】　主要由黄瓜花叶病毒和烟草花叶病毒等所引起。

【发病规律】

(1)传播方式　由黄瓜花叶病毒以及烟草花叶病毒等所引起。黄瓜花叶病毒的寄主非常广泛,其中包括许多蔬菜作物。病毒在多年生宿根杂草和保护地蔬菜上越冬,翌年主要由蚜虫传播。烟草花叶病毒在落入土壤里的病组织碎块上和种子上越冬,经汁液接触传播侵染,如分苗、定植、整枝等均可传播病毒。

(2)发病条件　一般早熟品种比晚熟品种抗(耐、避)病性强,甜椒比辣椒、灯笼椒比尖形或锥形椒易感病。幼苗 2～4 叶期最易感染病毒且受害重,但在保护地育苗时染病机会较少。定植后至结果期也是感病阶段。如高温干旱,蚜虫发生量大时,后期遇连阴雨天气,植株抗病性下降,黄瓜花叶病毒引起的病毒病发生严重;多年连作,地势低洼,缺肥或施用未腐熟的农家肥、栽植过稀等,可加重烟草花叶病毒对甜椒、辣椒的危害。

【防治方法】

(1)选用抗(耐)病品种　如中椒 2 号、3 号,津 4 号,双丰,海花 3 号,吉杂 2 号,辽椒 25 号,天津 8 号,同丰 37,通椒 21,苏椒 1 号和湘研 5 号、6 号等,以及上海甜椒,南京、杭州早椒均比较耐病毒病。

(2)农业防治措施　秋田大水浸淹,以降解土壤里的病毒。适期早播和适当稀播,实行昼促夜控的苗床温度管理,培育茎秆粗壮、具12～14片叶、50%以上植株现蕾的壮苗。实行短畦垄作和双棵密植,每667平方米4 500～5 000穴,每穴2株;覆盖地膜,施足腐熟基肥,适期早定植;加强中耕,适度蹲苗以促根系发育;开花结果以后,增加肥水。与禾本科高秆作物间作,有阻止蚜虫迁飞、防止传播病毒的作用。

(3)避蚜治蚜,诱杀媒介物　参见菜蚜防治办法。

(4)人工免疫和药剂防治　参见番茄病毒病。此外,定植前、缓苗后和盛果期各喷1次0.1%硫酸锌溶液,均有一定的防病作用。

15. 辣(甜)椒疫病

辣(甜)椒疫病俗称黑秆,全国各地均有发生,常造成植株成片死亡,损失严重。

【危害症状】　从苗期至成株期该病均可危害。辣(甜)椒的茎、叶和果实都能发病。苗期发病,茎基部呈暗绿色水渍状、软腐或猝倒。该病初夏季节发病多,主要危害成株。首先危害茎基部,症状表现在茎的各部,其中以分杈处茎变为黑褐色或黑色的症状最为常见,而后病斑凹陷,植株急速凋萎死亡。剖茎观察,可见病部仅限于表皮,维管束不变色。叶片染病,产生较大的病斑,边缘黄色,中央褐色。果实发病从蒂部开始,产生水渍状病斑,暗绿色,随着病情的发展,病斑变褐、变软,长出白色霉层。干燥时,果实失水、干瘪。

【病　原】　辣椒疫霉,属鞭毛菌亚门真菌。

【发病规律】

(1)传播方式　病菌主要以卵孢子、厚垣孢子在病残体或土壤及种子上越冬,其中土壤中病残体带菌率高,是主要初侵染源。当条件适宜时,这些病菌通过雨水的飞溅或者通过灌溉水传到茎基部和靠近地面的组织上,引起发病。发病后,在病斑上再产生孢子囊,通过孢子囊在田间扩散蔓延,从而加重病情的发展。

(2)发病条件　高温高湿有利于病害发生流行。病菌在10℃~37℃均可生长发育,20℃~30℃适宜孢子囊的产生,25℃左右适宜游动孢子的产生与侵入。病菌孢子囊和游动孢子的产生与萌发,都与空气相对湿度和降水量有关。气温为25℃~30℃,空气相对湿度为85%以上,往往发病最重。因此,降雨天数多、雨量大,土壤积水或地面潮湿,重茬地,大水漫灌,均会加剧病害发生。

【防治方法】　①因地制宜选用抗病品种,实行2~3年轮作。前茬以十字花科和豆类蔬菜为好,如以瓜类和茄果类蔬菜作前茬,发病重。②种子消毒。先把种子经52℃温水浸种30分钟或清水预浸10~12小时后,再用1%硫酸铜液浸种5分钟,捞出后拌少量草木灰。也可用72.2%霜霉威水剂或0.1%的20%甲基立枯磷乳油浸种12小时,洗净后晾干催芽。③加强田间管理。高垄或高畦栽培,合理密植,合理浇水防止大水漫灌,雨后及时排涝。④药剂防治。前期掌握在发病前喷洒植株茎基和地表,防止初侵染;进入生长中后期以田间喷雾为主,防止再侵染。田间发现中心病株后,及时喷洒和浇灌50%甲霜铜可湿性粉剂800倍液,或70%三乙膦酸铝·锰锌可湿性粉剂400~500倍液或64%噁霜·锰锌可湿性粉剂500倍液,或60%琥·三乙膦酸铝可湿性粉剂500倍液。此外,于夏季浇水前每667平方米撒96%以上的硫酸铜3千克后再浇水,防效明显。保护地可选用烟熏法或粉尘法,即于发病初期每667平方米用45%百菌清烟雾剂250~300克熏烟,或喷撒5%百菌清粉尘剂1千克。每隔9天左右施用1次,连续防治2~3次。

16. 辣(甜)椒炭疽病

辣椒炭疽病是一种常见的多发病害,各地均有发生。危害程度因年而异,一般损失量在20%～30%,严重时可达50%以上。

【危害症状】 主要危害果实和叶片。果实受害重。果实发病初呈水渍状黄褐色斑点,病斑近圆形或不规则形,灰褐色至黑褐色,中央颜色稍浅、凹陷,表皮不破裂,上有隆起的同心轮纹,轮纹上密生小黑点,即病菌的分生孢子盘。潮湿天气病斑表面流出淡红色黏胶物或者病部呈烫伤状皱缩,干燥天气干缩似羊皮纸状,易破裂,其上有明显轮纹。叶片受害,病斑初为水渍状褪绿斑点,后发展成为边缘深褐色、中央灰白色的圆形病斑,病斑上轮生小黑点。病叶易干缩脱落(图5-1)。

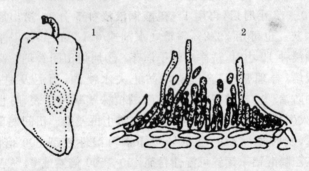

图 5-1 辣椒炭疽病
1. 病果 2. 分生孢子盘

【病　　原】 由辣椒刺盘孢及果腐刺盘孢侵染所致,均属半知菌亚门真菌。

【发病规律】

(1)传播方式　炭疽病菌以病菌孢子或菌丝体附在种皮上越冬。在生长季节,病斑上不断产生分生孢子进行侵染。炭疽病病菌在田间主要通过风雨、昆虫传播。病菌传到辣椒上以后,多从寄主的伤口处侵入,偶尔也可以从表皮上直接侵入。

（2）发病条件　炭疽病的发生与温、湿度关系密切。适宜发病温度为12℃～33℃,最适温度为27℃,并要求70％以上的空气相对湿度,其中孢子的发芽和侵入则要求95％以上的空气相对湿度。空气相对湿度低于54％则不发病,高温和高湿发病严重。此外,肥水供应不足、栽植过密、植株生长势弱等都是发病的重要原因。

【防治方法】　①因地制宜种植抗病品种。②发病严重的地块应与瓜、豆类蔬菜轮作2～3年。采用营养钵育苗,培育适龄壮苗。③加强田间管理。避免栽植过密,合理施肥、浇水,降低田间湿度,同时防止日灼病的发生,均可减轻病害。④药剂防治。发病初期开始喷洒50％混杀硫悬浮剂500倍液,或70％甲基硫菌灵可湿性粉剂600～800倍液,或50％多菌灵可湿性粉剂500倍液,或80％炭疽福美可湿性粉剂800倍液,或50％多硫悬浮剂600倍液,或75％百菌清可湿性粉剂800倍液加70％甲基硫菌灵可湿性粉剂800倍液混合喷洒。每隔7～10天喷1次,连续防治2～3次。也可每667平方米喷5％克霉灵粉尘剂或5％百菌清粉尘剂1千克,还可采用45％百菌清烟剂熏烟防治。

17. 辣（甜）椒叶枯病

辣椒叶枯病又称灰斑病,甜椒和辣椒均可受害。多发生在高温、高湿的季节或地区,严重时大量植株叶片落光,产量损失很大。

【危害症状】　以叶片受害为主,叶柄或茎有时也感病,苗期、成株期都有发生。叶片感染后散生褐色小斑点,后呈圆形或不规则形病斑,扩展速度很快。病部中央灰白色,边缘暗褐色,直径在2～10毫米。病害由植株下部叶片向上发展,引起病叶穿孔,甚至叶片脱落,严重时整株落成秃枝。

【病　原】　由茄匍柄霉寄生引发的真菌病害。

【发病规律】

（1）传播方式　病原菌主要以菌丝体和分生孢子在遗留土壤中的病株残体上，或以分生孢子附着在种子上越冬，为翌年提供初侵染源。病菌借助气流传播，进行初侵染或再侵染。

（2）发病条件　温度高、湿度大是发病的基础条件，病原菌生长温度为 4℃～38℃，最适温度为 24℃。在适温条件下，菌丝经48 小时即可产生分生孢子。育苗时使用未腐熟的农家肥，未经处理的旧苗床，出苗后随着温度的增高，棚室不及时通风，往往引起苗期发病。成株期栽培管理不当，田间低洼积水，偏施氮肥导致植株徒长，高温多雨特别是连阴雨天或大水漫灌，发病严重并造成落叶。南方地区因温、湿度适宜，全年均可发生；北方地区 4 月份开始发生，至 6 月份进入发病高峰。

【防治方法】

（1）实行轮作　间隔 2 年以上与非茄类蔬菜进行轮作。

（2）栽培防病　及时通风控制苗床湿度。定植时施足基肥，及时追肥。露地栽培雨后排除积聚的雨水，防止田间湿度过大。

（3）药剂防治　发病初期选喷 58％甲霜灵·锰锌可湿性粉剂500 倍液，50％甲霜铜可湿性粉剂 600 倍液，64％噁霜·锰锌 500倍液，50％甲基硫菌灵可湿性粉剂 500 倍液，1∶1∶200 波尔多液，每 10～15 天喷 1 次，连喷 2～3 次。

18. 辣（甜）椒灰霉病

灰霉病是温室和塑料大棚蔬菜生产中危害作物广、发生普遍而且损失较大的一种病害。此病要求低温、高湿条件，一般减产20％～30％，有时甚至达到 50％。

【危害症状】　辣（甜）椒各部位均可染病。幼苗染病，子叶先端变黄后扩展到幼茎，导致茎缢缩变细，由病部折断而枯死。叶片染病,病部腐烂,或长出灰色霉状物,即病菌的分生孢子梗及分生孢子,严重时上部叶片全部烂掉。成株染病,茎上初生水渍状不规则斑,后变灰白色或褐色,病斑绕茎1周,其上端枝叶萎蔫枯死,病部表面具灰霉。花器染病,花瓣呈褐色,水渍状,其上密生灰色霉层,即病菌分生孢子梗及分生孢子。

【病　　原】　灰葡萄孢,属半知菌亚门真菌。

【发病规律】　病菌可形成菌核遗留在土壤中,或以菌丝、分生孢子在病残体上越冬。分生孢子随气流及雨水传播蔓延,田间农事操作是传病途径之一。病菌发育适温为23℃,最高31℃,最低2℃;病菌对湿度要求很高,一般12月份至翌年5月份,连续湿度在90%以上的多湿状态易发病;大棚持续较高空气相对湿度是造成灰霉病发生和蔓延的主要因素,尤其是春季连阴雨天多的年份,气温偏低,通风不及时,棚内湿度大,常导致灰霉病发生和蔓延。此外,植株密度过大、生长旺盛、管理不当均会加快此病的扩展。光照充足,对该病扩展有很大的抑制作用。

【防治方法】

(1)农业防治　加强通风管理,上午尽量保持较高的温度,使棚顶露水雾化;下午适当延长通风时间,加大通风量,以降低棚内湿度;夜间要适当提高棚温,减少或避免叶面结露。发病初期适当节制浇水,严防浇水过量。正常灌溉改在上午进行,降低夜间棚内空气相对湿度或结露。发病后及时摘除病果、病叶和侧枝,集中烧毁或深埋。

(2)烟尘剂防治　每667平方米棚室可用10%腐霉利烟雾剂250~300克熏烟,每隔7天熏1次,连续熏2~3次。也可每667平方米喷撒5%百菌清粉尘剂1千克,每隔9天喷1次,连续或交替防治3~4次。

(3)药剂防治　可喷洒50%异菌脲可湿性粉剂1500倍液,或50%腐霉利可湿性粉剂2000倍液,或60%多菌灵超微粉剂600

倍液,或 50％多菌灵可湿性粉剂 500～600 倍液加 50％异菌脲可湿性粉剂 2 000 倍液,每 667 平方米喷洒 50 千克,每隔 7～10 天喷1 次,视病情连续喷洒 2～3 次。

19. 辣(甜)椒软腐病

棚室辣椒中后期气温较高,烟夜蛾、棉铃虫为害严重的地块该病发生较重;在贮运期间也易发生,直接影响辣椒的产量和品质。软腐病菌的寄主范围较广,能侵染茄科、十字花科及葱类、芹菜、胡萝卜、莴苣等蔬菜,主要危害果实。

【危害症状】 病果初生水渍状暗绿色斑,后变褐软腐,具恶臭味,内部果肉腐烂,果皮变白,整个果实失水后干缩,挂在枝蔓上。

【病 原】 胡萝卜软腐欧氏菌,胡萝卜软腐致病型,属细菌。

【发病规律】 病菌随病残体在土壤中越冬,成为翌年初侵染源。在田间通过灌溉水或雨水飞溅使病菌从伤口侵入。染病后病菌又可通过烟青虫及风雨传播,使病害在田间蔓延。田间低洼易涝,钻蛀性害虫多,或连阴雨天气多、湿度大,该病易流行。

【防治方法】

(1)农业防治 培育壮苗,适时定植,合理密植;与非茄科及十字花科蔬菜进行 2 年以上轮作;及时把病果清除出田外烧毁或深埋。保护地栽培要加强通风,防止棚内湿度过高。

(2)药剂防治 及时喷洒 72％农用硫酸链霉素可溶性粉剂4 000倍液,或新植霉素 4 000 倍液,或 50％琥胶肥酸铜可湿性粉剂 500 倍液,或 77％氢氧化铜可湿性微粒粉剂 500 倍液,或 14％络氨铜水剂 300 倍液。

20. 辣椒疮痂病

辣椒疮痂病又叫细菌性斑点病。该病危害严重时,造成早期大量落叶、落花、落果,对产量影响很大。此病除危害辣椒外,还可危害番茄。

【危害症状】　多发生在幼苗叶、茎和果实等部位,其中以叶片、果实发病最多。叶片发病最初出现许多小型褪绿的水渍状圆斑,随着病情的发展,病斑变褐,稍凸起,呈疮痂状。茎部感病出现褐色条斑,后病部木栓化,有时纵裂。果实染病,表面出现小的圆形斑,稍隆起,有时病斑连片,表面木栓化、深褐色、疮痂状。

【病　　原】　野油菜黄孢杆菌辣椒斑点病致病型,属细菌。

【发病规律】

(1)传播方式　疮痂病的病菌主要是在种皮上越冬,也可随病株残体在田间越冬。借带菌种子作远距离传播。在土壤中病菌可存活9个月。生长季节,病菌通过雨水飞溅、刮风或由昆虫携带传到叶片、果实和茎蔓上。在有水滴时,病菌由伤口、气孔和水孔侵入,引起发病。在适温下,叶片上的潜育期为3~5天,果实为5~6天。

(2)发病条件　疮痂病在5℃~40℃的条件下均可发病,但最适宜的温度为27℃~30℃。在适宜的温度下,田间湿度大,植株有伤口,发病重。

【防治方法】　①选用抗病品种,采用无病种子。播种前结合催芽,先将种子在清水中预浸10~12小时后,再用1%硫酸铜溶液浸5分钟,捞出后拌草木灰再播种。也可用52℃温水浸种10~15分钟,再移入冷水中冷却后捞出,催芽播种。②实行2~3年轮作;实行深耕,以促进病残体腐解,加速病菌死亡。定植以后注意松土划锄、追肥,促进根系发育。③药剂防治。发病初期及时喷药,常用药剂有72%农用链霉素可溶性粉剂或硫酸链霉素4 000倍液,或新植霉素4 000倍液,或60%琥·乙膦铝可湿性粉剂500倍液,或14%络氨铜水剂300倍液等,每7天喷1次,连喷3~4次。

21. 甜(辣)椒日灼病

该病是各地在盛夏期间常见的果实病害。有时病果率可达10％～30％,甚至更多。病部常被炭疽病菌或其他杂菌感染而长霉或腐烂,既减少了商品果率,也不利于运输和贮藏,易造成不同程度的损失。该病在番茄和茄子上也有发生。

【症状特点】 多发生在果实发育前期。果实向阳面褪绿,形成有光泽近似透明的革质状,后呈黄褐色或灰白色斑块,继而病部扩大,稍显皱纹,干缩变硬,略凹陷,果肉组织坏死呈褐色斑块。其后病部受病菌感染,长出黑色或粉色霉层,甚至腐烂。

【病 因】 这是一种生理性病害。果实受强烈阳光直射,引起果皮温度上升,由于水分蒸发使果面局部温度升高而灼伤。一般果实的向阳面与背阴面的温差愈大,发病愈重。

【发病规律】 春季栽培的甜(辣)椒果实膨大和采收旺季正值盛夏和初秋,如土壤缺水,叶片遮荫不好,天气持续干热过度,或雨(露、雾)后暴热,均易引起此病。栽植密度过稀,缺水少肥,管理粗放,使植株生长发育不良,病虫害发生严重引起植株早期落叶,则发病率高。

【防治方法】 ①合理密植。垄作双棵密植,每667平方米株数由5 000～6 000株增到9 000～10 000株,在高温炎热夏季可使甜椒叶面系数增加1倍,促使叶片相互遮荫防病。②间作玉米或高秆蔬菜菜豆、豇豆,利用生物屏障遮荫,推广遮阳网覆盖越夏栽培,降低气温和土温,改善田间小气候,可减少发病。③加强水肥管理,尤其在开花结果期应及时、均匀浇水,保持地面湿润,增施磷、钾肥,促进果实发育,减轻病害。④及时防治病虫害,防止因炭疽病、病毒病、疮痂病及蚜虫、蛹类危害引起的早期落叶。

22. 茄子黄萎病

茄子黄萎病又称凋萎病,俗称半边疯、黑心病。全国各地普遍发生。除危害茄子外,还危害辣椒、番茄、马铃薯、瓜类等多种蔬菜。一般发病率为 10%～20%,重病区可达 60% 以上。

【危害症状】　多在门茄坐果后开始发病,多自下而上或从一侧向全株发展。开始先从叶尖或叶缘及叶脉间褪绿变黄,逐步发展到半叶或整片叶变黄。发病初期,病叶在晴天中午高温时呈萎蔫状,早晚或阴雨天可恢复。数日后,萎蔫状态不再恢复。病叶逐渐由黄变褐,叶缘稍向上卷曲,后期全株或部分枝条的叶片枯黄脱落,严重时全株枯死,植株只剩茎秆或心叶。横切病株的根、茎、枝、叶柄等部位,可以看到维管束变成黄褐色或黑褐色。用手挤捏横切面,无乳浊状液体渗出,以此有别于细菌性青枯病。

【病　原】　大丽菊轮枝孢菌,属半知菌真菌。

【发病规律】

(1)传播方式　病菌以菌丝体、厚垣孢子和微菌核在病残体或土壤中越冬。病菌可在种子上越冬,可以作为病害的初侵染源,但也有人认为种子不带菌。病菌在土壤中能存活 6～8 年。病菌靠灌溉水、施用混有病残体的肥料、带菌土壤、农具及农事操作传播。病菌主要从根部的伤口侵入,也能从幼根的表皮及根毛直接侵入,在植株的维管束内繁殖,逐渐扩展蔓延到茎、枝叶和果实,引起发病。

(2)发病条件　适合病害发生的气温为 20℃～25℃。土壤湿度和空气相对湿度高,有利于病害的发展。气温超过 30℃,症状发展缓慢。地势低洼,土质黏重,连作地,施未腐熟的带菌农家肥,缺肥、灌水不当、地温偏低,发病重。

【防治方法】　①选用抗病、耐病品种。②从无病株选留种子。播种前要进行处理,可先将种子预浸 3～4 小时,然后在 55℃温水中浸 15 分钟,或在 50℃温水中浸 30 分钟,再放入冷水中冷却,晾干或催芽播种。也可采用50％多菌灵可湿性粉剂500倍液浸种2小时,冲洗后播种。③嫁接防病。采用抗病性强的赤茄、野生茄作砧木,用当地主栽良种作接穗,砧木早播20天左右,接穗和砧木长到半木质化、茎粗为0.5厘米时,用劈接法嫁接。④采取农业防治措施。与非茄科作物轮作3～4年,最好与葱蒜类或粮食作物轮作,能有效地控制病害。定植田每667平方米用50％多菌灵可湿性粉剂2千克掺细干土撒于定植穴内,进行土壤消毒。⑤药剂防治。苗期或定植前喷50％多菌灵可湿性粉剂600～800倍液,带药移植,定植时或缓苗后选用50％多菌灵可湿性粉剂500倍液,50％苯菌灵可湿性粉剂1 000倍液,50％琥胶肥酸铜可湿性粉剂350倍液,50％混杀硫悬浮剂500倍液灌根。灌根前先将根部周围土壤锄松,可提高防效。

23. 茄子绵疫病

茄子绵疫病俗称烂茄子、"掉蛋",是茄子的重要病害之一。全国各地普遍发生。除危害茄子外,还可以侵染番茄、辣椒、南瓜、黄瓜等多种蔬菜作物。

【危害症状】 茄子绵疫病在茄子的整个生长期均可发生。发病部位遍及叶片、嫩茎、花器和果实,以果实受害最重。植株下部的果实常先发病。发病初期,果实上产生水渍状圆形病斑,稍凹陷,黄褐色至暗褐色。潮湿时,病斑扩展迅速,病部黑褐色腐烂,并长出茂密的白色绵毛状霉层。病果易脱落。在潮湿的地面上,果实很快腐烂,遍生白霉。不脱落的病果,失水干枯成僵果挂在枝上。

【病　　原】 寄生疫霉菌及辣椒疫霉,这两种病菌均属鞭毛菌亚门真菌。

【发病规律】

(1)传播方式　病菌以卵孢子随病残体在土壤中越冬。条件适宜时,病原菌可直接侵害幼苗的茎或根部。土中的卵孢子可经水滴反溅到植株下部的茄子果实上,萌发后产生芽管直接侵入。发病后,病部产生大量孢子囊,通过风、灌溉水及农事操作传播,进行重复侵染,致使病害不断扩展蔓延。

(2)发病条件　病菌的生长发育喜高温、多湿。该病在温度为25℃～30℃、空气相对湿度为80％以上时易流行。保护地茄子一般在中后期开始发病。连作、栽植过密、管理粗放、偏施氮肥均会加重病情。露地栽培常雨后发生严重。

【防治方法】

(1)选用抗病、耐病品种　一般圆茄子品种较长茄子品种抗病,各地可因地制宜地选择。

(2)加强栽培管理　合理轮作,采用高垄或半高垄栽植,覆盖地膜,防止土壤中的病菌溅到果实上;设施栽培应加强通风,降低棚室内的湿度,发现病果、病叶要及时摘除,带出棚室外销毁。

(3)药剂防治　发病前或发病初期,及时喷药保护,每隔7～10天喷药1次,连续喷2～3次。喷药时可选用40％三乙膦酸铝可湿性粉剂300倍液,75％百菌清可湿性粉剂500～600倍液,25％甲霜灵可湿性粉剂600倍液,58％甲霜灵·锰锌可湿性粉剂500倍液,40％三乙膦酸铝·锰锌可湿性粉剂500倍液,64％噁霜·锰锌可湿性粉剂500倍液,72.2％霜霉威水剂700～800倍液喷洒。喷药时要注意保护果实。

24. 茄子褐纹病

茄子褐纹病在我国分布广泛,是茄子的重要病害之一。茄子从苗期到成株期均可发病,地上各个部位均可受害,以果实受害最重。鲜食茄果染病后,在贮运过程中仍能继续发病。褐纹病只危害茄子。

【危害症状】　幼苗发病多在茎的基部。茎基部出现水渍状病斑,逐渐变褐色,稍凹陷。条件适宜时,病斑迅速扩展绕茎一周,导致幼苗猝倒病。大苗受害,呈立枯状,病部后期形成小黑点。叶片多从底叶发病,产生圆形或近圆形的病斑。病斑开始呈苍白色、水渍状,以后边缘变深褐色,中部灰白色至浅褐色,具轮纹,散生大量黑色小粒点。后期病斑多时,相互连接呈不规则形大斑。茎部发病,病斑长圆形或梭形,边缘深褐色,中部灰白色、凹陷。病斑多时,相互连接形成几厘米的坏死区,后期病组织干腐纵裂,皮层脱落,木质部外露,容易折断。果实被害后,病斑圆形或椭圆形,稍凹陷,浅褐色转暗褐色,具轮纹,上生许多黑色小粒点,排列成轮纹状。严重时病斑连接,可达整个果实。病果后期落地软腐或在枝干上干缩成僵果(图 5-2)。

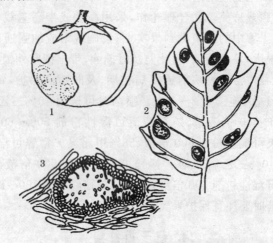

图 5-2　茄子褐纹病

1. 病果　2. 病叶　3. 分生孢子器

【病　原】　茄褐纹拟茎点霉,属半知菌亚门真菌。

【发病规律】

(1)传播方式　病菌主要以菌丝体或分生孢子器在土表病残体上越冬,可存活 2 年以上。病菌还可以菌丝潜伏在种皮内或以分生孢子附着在种子上越冬。种子带菌引起幼苗猝倒或立枯,土壤带菌引起茎基部溃疡。病苗和植株茎基部病斑上产生的分生孢子借风雨、昆虫和农事操作传播及重复侵染。

(2)发病条件　高温、高湿有利于发病。在低温高湿、光照少的条件下也可发病。多年连作、植株过密、氮肥过多、通风不良等发病重。

【防治方法】

(1)选用抗病品种　一般长茄比圆茄、白绿茄比紫茄抗病力强。故应选种长茄、白绿茄品种。

(2)苗床灭菌　育苗最好每年不重茬或用新苗床土。旧苗床必须进行土壤处理,每平方米用50%多菌灵可湿性粉剂10克,或50%福美双可湿性粉剂8克,加细干土20千克拌匀,播种时用一半药土铺底,一半药土盖种。

(3)加强栽培管理　重病区采取3~5年轮作。起垄栽培,覆盖地膜,调节氮磷钾肥配比,施足基肥,雨季排水,生长中后期实行小水勤浇,及时清除病株残叶,减少病原,培育壮苗,增强植株抗病性,降低发病,减少损失。

(4)药剂防治　幼苗期或发病初期,喷洒58%甲霜灵·锰锌可湿性粉剂500倍液,或64%噁霜·锰锌可湿性粉剂500倍液,或40%甲霜铜可湿性粉剂700倍液,或70%代森锰锌可湿性粉剂500倍液,或75%百菌清可湿性粉剂600倍液,或1:1:200波尔多液。每隔7天左右喷1次,连喷2~3次。

25. 茄子灰霉病

茄子灰霉病是冬春保护地茄子栽培上的主要病害之一,对茄子的产量和质量影响严重。有些地区该病发生重,病果率达10%~40%。

【危害症状】　茄子苗期、成株期均可发病。茄子的地上部分都可受害,以果实发病最重。苗期发病,幼苗、子叶很快发黄、萎蔫。潮湿时,病叶水渍状,上面有灰色霉层,即病菌的分生孢子梗及分生孢子。病害发展快时,自子叶扩展到幼茎,幼茎缢缩变细,常自病部折断枯死。真叶染病,产生半圆形至近圆形浅褐色轮纹斑。后期叶片或茎部均可长出灰霉,导致病部腐烂。成株期叶片受害,先在叶缘处出现水渍状大斑,以后变褐色,形成近圆形的淡黄色病斑。病斑具有轮纹,直径5～10毫米。病重时,病斑连片,导致整叶干枯。结果期最容易发病,在幼果顶部或蒂部附近形成褐色水渍状病斑后,病部凹陷,暗褐色,腐烂,表面生有灰色霉层,使其完全失去食用价值。

【病　原】　灰葡萄孢菌,属半知菌亚门真菌。

【发病规律】

(1)传播方式　病原菌以分生孢子在病残体或以菌核在地表及土壤中越冬越夏。条件适宜时病菌侵入寄主。发病后产生分生孢子,重复侵染危害。棚室内靠分生孢子飞散或农事操作过程进行传播蔓延。开花后侵染花瓣,再侵入果实引起发病。

(2)发病条件　在低温、高湿条件下该病易发生,病害发生的适宜温度为20℃左右,湿度对灰霉病发生、流行的影响较温度大。冬春温室和大棚的低温、高湿环境是灰霉病流行的主要条件。另外,连茬地、苗床密度大、植株徒长、棚室通透性差等发病较重。

【防治方法】　①保护地内采用生态防治,及时通风降湿。②加强栽培管理,合理施肥、灌水,结果后增施磷、钾肥。提倡小高畦地膜覆盖栽培。阴天不浇水,推行滴灌技术,控制湿度。③药剂防治。定植前,每667平方米用5%百菌清粉尘剂1千克,或50%异菌脲可湿性粉剂800倍液,或50%腐霉利可湿性粉剂1 000倍液对棚膜、地面进行喷粉、喷雾灭菌。生长期间在发病初期及时用药防治。每667平方米棚室内可用10%腐霉利烟剂250克或5%百菌清粉尘剂1千克熏烟。也可在发病初期喷洒50%腐霉利可湿性粉剂 1 500 倍液,或 50%异菌脲可湿性粉剂 1 000 倍液,还可以结合茄子蘸花,将腐霉利或异菌脲或乙炔菌核利或多菌灵等药剂按 0.1%的比例加入到蘸花的药液里,结合蘸花施药,更省事。

第二节　虫　害

1. 棉 铃 虫

棉铃虫别名番茄蛀虫、玉米穗虫、棉铃实夜蛾。棉铃虫是一种食性很杂的暴发性害虫,分布于世界各国,我国各省(自治区、直辖市)均有发生。

【寄主与为害】　寄主植物已知有 200 多种,不仅是棉花的大害虫,还为害番茄、茄子、豆类、瓜类、白菜和甘蓝等蔬菜作物。以幼虫蛀食番茄等植物的花蕾和果实为主,造成落果和果实腐烂,也可咬食幼芽和嫩茎,造成茎中空折断。

【形态特征】　属于鳞翅目,夜蛾科。

(1)成虫　体长 15～20 毫米,翅展 27～38 毫米,前翅与身体等长。一般雌蛾为黄褐色,雄蛾为灰绿色。

(2)卵　半圆形,直径 0.44～0.48 毫米,高 0.5～0.55 毫米。在放大镜下观看,自顶端至底部有多条隆起纵线。初产时为苹果绿色,翌日变为黄色,并出现红色带,孵化前又变为灰色。

(3)幼虫　老熟幼虫体长约 40 毫米,体色变化大,有绿色型、黄色型、红色型和黑色型等。各腹节上有毛瘤 12 个,生有细长刚毛。幼虫与烟青虫不易区分,区分的方法是:在放大镜下,前胸气门前下方有 1 对刚毛,它的连线的延长线与前胸气门下端相交或相切的为棉铃虫;延长线远离气门的为烟青虫。

(4)蛹　长 17～20 毫米,纺锤形。初化蛹时灰绿色、绿褐色或褐色,复眼淡红色。近羽化时,呈深褐色,有光泽,复眼褐红色

（图 5-3）。

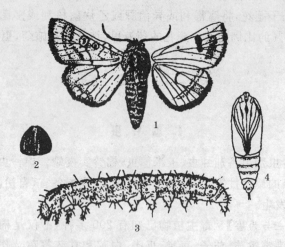

图 5-3　棉铃虫
1. 成虫　2. 卵　3. 幼虫　4. 蛹

【生活习性】　棉铃虫在辽宁、河北北部、内蒙古、新疆等地 1 年发生 3 代，华北 1 年 4～5 代，长江以南省份 1 年 5～6 代，云南省 1 年 7 代。由于该虫各世代发生不整齐，世代重叠，给防治带来一定的困难。以蛹在寄主根基附近土中越冬。华北地区 4 月中下旬越冬蛹开始羽化，5 月上中旬为羽化盛期。蔬菜田中，第一代为害轻，第二代是主要为害世代。卵盛期在 6 月中下旬，6 月下旬至 7 月上旬为幼虫为害盛期。一般年份对露地番茄蛀果率为 5%～10%，严重地块达 20%～30%。第三代卵高峰出现在 7 月下旬，发生较轻，主要为害夏播茄子。第四代卵高峰出现在 8 月下旬至 9 月上旬，9 月份至 10 月上中旬主要为害秋大棚和温室番茄。特早发生年份还有第五代发生。老熟幼虫产生的滞育蛹于 10 月底前开始越冬。

成虫昼伏夜出，白天多栖息在植株丛间叶背、花冠等阴暗处，傍晚开始活动,吸食花蜜,交尾产卵。对萎蔫的杨树枝和紫外光线强烈趋性,可用黑光灯和杨树枝诱集。黎明前后,成虫大量飞往玉米、高粱的心叶中潜伏。根据这一特点,可在清晨捕杀成虫。成虫选择在长势旺盛、现蕾开花早的田块植株上产卵,卵多产在植株顶尖、嫩叶和花蕾的叶苞上。在番茄上,卵大多产在植株幼嫩的顶端、嫩叶、果萼和果柄上,一般番茄在始花期就可着卵。卵散产,每头雌虫产卵 100～500 粒,一般为 100～200 粒。蚁酸和草酸有引诱棉铃虫前来产卵的作用。在 20℃时孵卵期为 5～9 天,25℃时为 4 天,30℃时为 2 天。幼虫共 6 龄,在 20℃、25℃、30℃时,幼虫期分别为 31 天、22.7 天和 17.4 天。初孵幼虫先吃卵壳,然后取食附近的嫩叶,被害部分残留表皮形成小凹点,1～2 天后食叶成孔洞或缺口。1～2 龄幼虫有吐丝下垂转株为害的习性,下垂后为害花、蕾、果,造成落花折蕾和落果。3 龄开始蛀果,在番茄青果果柄处咬成孔洞,蛀食为害,虫粪排在蛀孔外,幼虫虫体常半露在果外。3 龄幼虫有转果和自相残杀习性,1 头幼虫可蛀果 3～5 个。幼虫 5～7 龄,多数为 6 龄,老熟后从植株果实上落至地面,钻入 3～9 厘米深的表土层中或土缝中,先变预蛹而后化蛹。成虫产卵适温在 23℃以上,幼虫发育以 25℃～28℃和空气相对湿度75%～90%最为适宜。棉铃虫为害番茄,不在辣椒上产卵。

【防治方法】

(1)农业防治　用冬耕冬灌的方法及田间耕作杀虫蛹,也可在地边种植少量玉米,用以诱蛾产卵加以杀灭,减少虫量。

(2)诱杀成虫　用杨树枝把诱杀。剪取 0.6 米长的带叶杨树枝条,每 10 根扎成 1 把,绑在小木棍上,插于棚间略高于蔬菜顶部的地方,每 667 平方米设 10 把,5～10 天换 1 次,在主要为害世代诱蛾15～20 天。每天清晨露水未干时,用塑料袋套住枝把,捕杀成虫。在产棉区,每块田设黑光灯或高压汞灯可诱杀大量成虫。

(3)生物防治　在孵卵高峰期,如气温高于 20℃,可用 Bt 乳剂 500 倍液或"8010" 1 000 倍液细致喷雾。卵量多时,隔 3 天再喷 1 次。

(4)药剂防治 在百株卵量 20～30 粒时开始用药,或在半数卵变黑时用药。以后若百株幼虫超过 5 头,应继续用药。在露地番茄第一穗果坐果后,可选用 90％敌百虫晶体 1 000 倍液,50％辛硫磷乳油 1 500 倍液,75％硫双灭多威(拉维因)可湿性粉剂 1 000～1 500 倍液,40％菊杀乳油 2 000 倍液,2.5％天王星乳油、5％顺式氰戊菊酯乳油、10％氯氰菊酯乳油 2 500 倍液细致喷雾。

2. 烟青虫

烟青虫别名烟夜蛾、烟草夜蛾。属于鳞翅目,夜蛾科,是与棉铃虫同为一个属的近似种。在我国北起黑龙江、内蒙古,南至广东、海南岛均有分布。幼虫以蛀食花蕾和果实为主,也取食嫩茎、幼叶和芽,为害严重。以为害辣椒为主,也为害南瓜、甘蓝和豆类等。

【形态特征】 烟青虫与棉铃虫很相像,但可按下列特征加以区分。

(1)成虫 体型较棉铃虫小,长 15～18 毫米,前翅中横线向后缘直伸,其末端不到环形斑的正下方。

(2)幼虫 体型大小、色泽变化与棉铃虫相似,但 2 根前胸侧毛的连线远离前胸气门下端。表皮上的小刺较棉铃虫的短,体壁较棉铃虫柔薄且光滑。

(3)卵 扁圆形、底部平,高和宽为 0.4～0.5 毫米。卵孔明显,圆形,卵壳上有网状纹。纵棱长短相间为双序式,但纵棱不达底部。卵初产时为黄色或黄绿色,孵化前变为淡紫灰色。

(4)蛹 与棉铃虫相似。但体前段显得粗短,气门小而低,很少突起,第五至第七腹节前缘的刻点较小而密,腹部末端的 2 根臀刺基部相距较近,臀刺尖端略弯(图 5-4)。

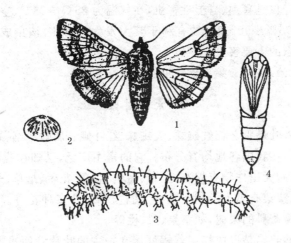

图 5-4　烟青虫

1. 成虫　2. 卵　3. 幼虫　4. 蛹

【生活习性】　烟青虫在各地比棉铃虫代数少,华北地区1年发生2代,发生期略晚。以蛹越冬。越冬场所除辣椒、茄子地外,在田埂旁的石缝、泥土中也可越冬。烟青虫成虫昼伏夜出,白天多潜伏在叶背和杂草丛中,阴天及夜间活动。成虫羽化后当晚即可交尾、产卵。卵散产于辣椒中、上部的叶片上,也可产在萼片或花瓣上。植株茂密的菜田,着卵率高。在田间温、湿度适宜时,每头雌虫可产卵千粒以上。卵孵化以夜间8~9时及凌晨最多。孵化时,幼虫从侧面破壳而出,取食卵壳后,即在植株上爬行觅食花蕾。初孵幼虫为害不易发现,2龄后蛀果为害,取食胎座;3龄后食量大增,并能转株转果为害。蛀果为害时,虫粪残留果皮内,使辣椒失去食用价值,同时易引起辣椒的腐烂。幼虫密度大时,有自相残杀的习性。幼虫老熟后钻入土中3~10厘米处,吐丝做茧化蛹。烟青虫与棉铃虫在食性上有区别:棉铃虫为害番茄,不在辣椒上产卵;烟青虫主要为害辣椒,在番茄上产卵后幼虫极少存活。

烟青虫是喜温、喜湿性害虫,在气温为 25℃～28℃、空气相对湿度为 75％～90％时,最有利于其大发生。因此,该虫成为秋季温室辣椒的重要害虫。

【防治方法】 参见棉铃虫的防治方法。

3. 朱砂叶螨

朱砂叶螨别名棉红蜘蛛、火蜘蛛、红叶蛾。属蛛形纲、蜱螨目、叶螨科。在我国各地均有分布。它的寄主广泛,已知在我国有 32 科 113 种,大田作物有棉花、玉米、高粱、豆类、花生、烟草、芝麻、向日葵等,蔬菜有瓜类、豆类、茄科、菊科、芋以及多种花卉。但该螨不为害蔷薇科的果树,如苹果、梨、桃等。

朱砂叶螨是以成螨和若螨群聚在寄主的叶片背面吸取汁液,受害后叶片呈现灰白色或枯黄色细小的失绿斑点,进而叶片呈焦煳状,严重时叶片干枯脱落,影响生长,缩短结果期,造成减产,甚至造成植株死亡。

【形态特征】

(1)成螨 雌成螨背面观呈卵圆形,体长 0.42～0.52 毫米,雄螨约 0.26 毫米。体锈红色或深红色,体躯两侧各有 1 个黑斑。足 4 对,无爪,足和体背有长毛。

(2)卵 圆球形,直径 0.13 毫米。初产时为乳白色,后变为橙红色,卵均产在丝网上。

(3)幼螨 长约 0.15 毫米,近圆形,足 3 对。

(4)若螨 足 4 对,体型及体色似成螨,但个体小(图 5-5)。

【生活习性】 在东北 1 年发生约 12 代,南方 1 年 20 代以上。在华北以滞育态雌成螨在枯枝、落叶、土缝或树皮中越冬,在华中以各虫态在杂草丛中或树皮缝越冬,在华南冬季气温高时继续繁殖活动。早春气温达 10℃以上时越冬成螨即开始大量繁殖,4 月下旬至 5 月上中旬从杂草等越冬寄主迁入菜田,首先在田边点片

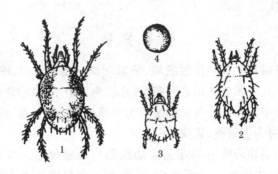

图 5-5　朱砂叶螨
1. 成螨　2. 若满　3. 幼螨　4. 卵

发生,再向周围植株扩散。在植株上则先为害下部叶片,再向上部叶片蔓延。以两性生殖为主,1头雌螨可产卵 50～110 粒,有孤雌生殖现象。其生长发育最适温度为 29℃～31℃,空气相对湿度为 35％～55％,高温、低湿则发生严重,露地蔬菜以 6～8 月份受害最重。红叶螨在北方温室瓜类及多种花卉上可全年繁殖为害,成为大棚及露地的害螨来源之一。

【防治方法】

(1)农业防治　在棚室中发生的叶螨,均是于秋季在棚中的杂草上发生的,然后再由杂草上迁移到蔬菜上为害。因此,在定植前应清除棚室内和周围的杂草,尤其是菊科、十字花科、旋花科、石竹科等杂草更要清除。

(2)药剂防治　翌年春季 2 月下旬以后,在叶蛾发生初期应及时喷药防治。可选用 1.8％阿维菌素乳油 5 000 倍液,15％哒螨灵乳油 3 000 倍液,5％唑螨酯悬浮剂 3 000 倍液,20％四螨嗪悬浮剂 3 000 倍液,5％噻螨酮乳油 1 500 倍液,20％甲氰菊酯乳油 1 500 倍液,20％双甲脒乳油 1 500 倍液喷洒。为了提高防治效果,最好在以上药剂中加入洗衣粉 300 倍液或碳酸氢铵 300 倍液,连续防治2～3次。

4. 茶 黄 螨

茶黄螨别名侧多食跗线螨、茶嫩叶螨。属蛛形纲、蜱螨目、跗线螨科。在全国各地均有分布,长江以南发生严重,华北地区主要发生在温室大棚中。茶黄螨主要为害辣椒、茄子、番茄、黄瓜、豆类蔬菜,还可为害落葵、雍菜、芹菜等。

以成螨和若螨群集在蔬菜幼嫩部位刺吸取食。当为害叶片时,虫体集中在叶片背面取食,受害部位呈灰褐色或黄褐色油渍状,叶片边缘向下卷曲。辣椒和番茄的叶片变窄,僵硬直立,皱缩。嫩茎和嫩枝受害后呈黄褐色,扭曲畸形,小叶片呈旗叶状,大量脱落,顶端干枯或呈秃顶状,其症状很像病毒病。受害的花和花蕾变小,受害重者不能开花、坐果或落花、落果。茄子果实受害后,果柄、萼片以及果皮呈黄褐色,失去光泽,木栓化,最终导致果实龟裂,呈开花馒头状,无法食用。辣椒果实受害后,果皮木栓化,呈茶锈色。由于虫体太小,肉眼难以观察,因而常误认为病毒病。

【形态特征】

(1)成螨 椭圆形,长约0.2毫米,淡黄色,半透明有光泽。足4对。雌螨腹部末端平截,雄螨则为圆锥形。

(2)卵 为椭圆形,灰白色半透明,长0.1毫米。

(3)幼螨 椭圆形,3对足,乳白色,腹末尖,具1对刚毛。变为若螨前,身体的前部呈透明状。

(4)若螨 体为梭形,半透明,这是一个静止的生长发育阶段,被幼螨的表皮所包围,有人称其为"静止期"(图5-6)。

【生活习性】 在南方露地1年可发生25～30代。以雌成螨在茶树叶芽鳞片内、土缝、蔬菜及杂草根际越冬,冬暖地区及北方温室可全年繁殖为害,世代重叠发生。越冬成螨于翌年3～4月份出蛰,5～6月份在茄果类等蔬菜上发生。其自身迁移能力有限,

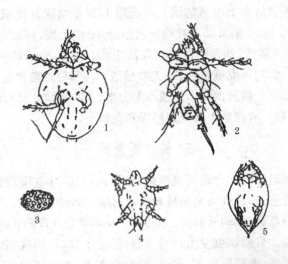

图 5-6　侧多食跗线螨

1. 雌线螨　2. 胸线螨　3. 卵　4. 幼螨　5. 若螨

主要借秧苗、风力和人、工具等的传带扩散蔓延。夏初开始发生时有点、片阶段。南方 6～9 月份、北方 7～9 月份露地蔬菜受害较重。成螨较活跃,且有雄成螨携带雌若螨向植株上部的幼嫩部位迁移的习性,一般多在嫩叶背面吸食。1 头雌螨可产卵百余粒,卵多散产在嫩叶背面、果实凹陷处及嫩芽上,经 2～3 天孵化。幼螨期和若螨期各 2～3 天。该螨喜温暖潮湿的环境,生长繁殖的最适温度为 16℃～23℃,空气相对湿度为 80%～90%。卵和幼螨对湿度的要求较高,空气相对湿度在 80% 以上才能孵化和生长。大雨对其有冲刷作用。

【防治方法】

(1)消灭虫源　注意铲除棚室中的杂草,清除蔬菜收获后的枯枝败叶,集中烧毁或深埋,以减少虫源。

(2)药剂防治　在蔬菜定植缓苗后经常进行检查,发现个别植株有被害状后马上喷药防治。可选用 15％哒螨酮乳油或 20％可湿性粉剂 3 000 倍液,5％唑螨酯悬浮剂 3 000 倍液,15％三唑锡悬浮剂 1 500 倍液,20％甲氰菊醋乳油 1 500 倍液,20％双甲脒乳油 1 500 倍液,73％克螨特乳油 1 500 倍液,1.8％阿维菌素乳油 5 000 倍液等喷雾。喷药的重点是植株的上部,尤其是嫩叶背面和嫩茎。对辣椒、茄子应注意不要喷到幼果和花器上。

5. 美洲斑潜蝇

美洲斑潜蝇又名蔬菜斑潜蝇、蛇形斑潜蝇、甘蓝斑潜蝇,是一种毁灭性害虫,被列为全国植物检疫对象。原产于美洲,后传入太平洋部分岛屿、非洲及西亚。我国于 1994 年 5 月首次在海南省发现其为害。目前该虫发生已遍及我国 22 个省(自治区、直辖市),北起辽宁省,南至海南省,东起台湾、山东省,西至四川、云南和陕西等省均有发生。美洲斑潜蝇寄主范围广,已知有 22 科 100 多种植物,其中以葫芦科、茄科和豆科植物受害最重。它对叶片的危害率可达 10％～80％,常造成瓜菜减产、品质下降,严重时甚至绝收。

成虫和幼虫均可为害叶片。幼虫潜入叶片内取食叶肉,残留上下表皮,形成不规则蛇形白色虫道,影响植物的光合作用;严重时整个叶片焦枯脱落,影响植物的产量和质量。美洲斑潜蝇虫道初期呈不规则线状伸展,随着虫龄的增加,虫道逐渐变宽,虫道末端明显宽于起始端。叶片上有橙黄色的虫蛹。成虫常在叶片上停留和飞翔,雌成虫能用产卵器刺伤叶片,在叶片上形成大量黄白色小斑点,斑点直径为 0.13～0.15 毫米。产卵痕在取食点之内,孔较圆,孔径约 0.05 毫米。成虫在此取食和产卵。

【形态特征】

(1)成虫　体长 1.3～2.3 毫米,为一种非常健壮的淡灰黑色小蝇,雌虫稍大。小盾片鲜黄色,外顶鬃着生于黑色区域。前盾片和盾片黑色发亮,内顶鬃着生于黄色区域上。额明显突出于眼,橙黄色。上眶鬃 2 对,下眶鬃 2 对,颊长为眼高的 1/3,中胸背板黑色发亮,后角具黄斑;背中鬃 3+1,中鬃散生呈不规则 4 行。中侧片下方 1/2～3/4 为黑色,甚至大部分为黑色。腹部大部分为黑色,背板两侧为黄色。足基节黄色具黑纹。腿节基本黄色,但具黑色条纹直到几乎全黑色,胫节、蹦节棕黑色。翅长 1.7～2.25 毫米。中室较大。末段长为次末段的 3～4 倍。这些特征可以作为初步鉴定的依据,但准确的鉴定必须解剖雄性生殖器。雄虫外生殖器的端阳体与骨化强的中央体前部之间以膜相连,呈空隙状;中央体后段几乎透明,精泵黑褐色,柄短,叶片小,背针突具 1 齿。

(2)卵　米黄色,稍透明。

(3)幼虫　无头,蛆状。初孵幼虫无色,渐变淡黄色。老熟幼虫体长约 3 毫米,椭圆形,腹面稍扁平。后气门突具 3 个气门开口。

蛹前后端各残留 1 对气门突,后气门突上有 3 个小钝圆状突起。蛹前期为鲜黄色,后变为黄褐色,最后呈红褐色。

【生活习性】 美洲斑潜蝇在北方地区 1 年发生 15～16 代,其中冬暖式大棚发生 9～10 代(每年 10 月份至翌年 1 月份发生 4 代,2～5 月份每月发生 5～6 代),露地发生期在 6～9 月份,共 6 代。成虫寿命 10～20 天,完成 1 代共需有效积温 172.5℃。各代历期 12～32 天,有明显的世代重叠现象。美洲斑潜蝇在北方保护地可安全越冬,无明显休眠现象。在露地很难安全越冬。温度为 25℃～30℃ 时,其发育速度最快,产卵量最多,繁殖力最强。在 25℃、空气相对湿度为 0 时,仅 9.05% 的蛹可以正常羽化;随着湿度的增加,羽化率也增加。空气相对湿度为 80%～100% 时,羽化率最高。但空气相对湿度持续过高时(100%),蛹有发霉现象。

成虫羽化后 24 小时交尾产卵,雌虫一生只交尾 1 次。飞翔力弱。早晚气温较低时,活动较弱,10 时至 16 时活动较强。主要随植物材料的调运而作远距离的传播。美洲斑潜蝇有明显的趋黄性。成虫能取食为害,雌虫刺伤叶片表皮,在伤口处取食和产卵。雄虫不能建立取食点,只能与雌虫同处取食。卵产在取食点叶内表皮下。卵期随气温而变化,一般为 2～5 天。幼虫孵出后,潜入叶表皮下为害,形成弯曲隧道。在平均气温为 24℃时,幼虫历期4～7 天。幼虫老熟后,咬破虫道末端的叶表皮,在叶表皮之外化蛹。蛹期一般为 7～14 天。在不同的作物上,在叶面和土中化蛹的比例不同。叶面蛹在矮生菜豆上占 90% 以上,在架豆上占10%～15%,在番茄和瓜类上占的比例更少。美洲斑潜蝇种群数量有明显的季节性变化。在南方 1 年有 2 个高峰期,如福建省分别为 6～7 月份和 9～10 月份,8 月份高温,虫口明显下降;在北方,如北京仅有 1 个高峰期,即 7～9 月份为害最重。

【防治方法】

(1)强化检疫 美洲斑潜蝇是新传入的检疫性害虫,当前的首要任务是准确划定疫区范围,加强调运中的植物检疫工作,控制继续传播为害。同时,要抓好疫区的防治工作,减少为害损失。在疫区,严禁在斑潜蝇盛发期将藏有斑潜蝇的叶菜类向外调运,或者采取冷冻、熏蒸等处理,确保无虫后方可调运。

(2)农业防治 ①清除虫源聚集地或保护地的有虫枝叶,可消灭 30%～40% 的斑潜蝇虫源,降低虫口基数或减少越冬虫口。②作物种植要合理布局。粮、菜分块隔离种植,虫源地附近种粮食作物或非寄主作物,以限制斑潜蝇扩散蔓延,控制和减轻斑潜蝇的为害。

(3)物理防治 根据美洲斑潜蝇对黄色敏感和有强烈趋性的特点,可在温室内悬挂黄板,大小为 20 厘米×30 厘米,涂上黄色机油,或悬挂黄色粘虫胶纸,或设置黄盆诱杀成虫。隔 7～10 天重涂 1 次机油或更换粘虫胶纸,诱杀成虫效果显著,在成虫高峰期可消灭成虫 20%～30%。或采用灭蝇纸诱杀成虫,在成虫始盛期至盛末期,每 667 平方米设置 15 个诱杀点,每个点放置 1 张诱蝇纸诱杀成虫,3～4 天更换 1 次。

(4)药剂防治　在田间初见被害叶时,立即用药,做到成虫和幼虫一起治。应早晚施药,此时成虫活动性很弱,防治效果好。每 667 平方米可选用 40%乙酰甲胺磷乳油 1 000 倍液,48%毒杀蜱乳油 1 000 倍液,10%氯氰菊酯乳油 1 500 倍液,95%杀虫单可湿性粉剂 1 000～2 000 倍液,18%杀虫双水剂 500 倍液,25%灭幼脲乳油 800 倍液,1.8%阿维菌素乳油或 1.8%阿维菌素乳油 2 000～3 000 倍液,40%赛诺吗嗪乳油(此药对成虫效果很差)800～1 000 倍液,50%环丙氨嗪水溶性粉剂 8 克对水喷雾。盛发期每 5～7 天喷 1 次,连喷 2～3 次。同时,要注意用几种作用机制不同的药剂轮换使用,以延缓抗药性的产生。如在上述药液中加入 0.1%的酒精,防效更好。可熏蒸与喷雾结合用药。

6. 二十八星瓢虫

有马铃薯瓢虫和茄二十八星瓢虫两种,均属鞘翅目瓢甲科。

马铃薯瓢虫又称二十八星瓢虫,主要分布于华北、西北、东北和内蒙古;茄二十八星瓢虫在全国广泛分布,但主要在长江以南各省为害严重。食性均较杂,主要为害茄子、马铃薯,其次是番茄、瓜类、豆类以及多种杂草。成、幼虫在叶背剥食叶肉,仅残留一层表皮,形成许多不规则半透明的细凹纹,后变褐色、枯萎,也可将叶吃成穿孔或仅留叶脉。严重时受害叶片干枯变黑,全株死亡。茄果、瓜条被啃食处常常破裂,组织变僵硬、有苦味,不堪食用。

【形态特征】

(1)马铃薯瓢虫　成虫体长约 7 毫米,半球形甲虫,红褐色,全身密被黄褐色细毛。触角圆杆状。前胸背板中央有一较大的剑形斑,两侧各有 2 个黑色小斑。两鞘翅上共有 28 个黑斑,其合缝处有 1～2 对黑斑相连,鞘翅基部第二列的 4 个黑斑不在一条线上。

卵长约 1.4 毫米,弹头形,初产时鲜黄色,后变黄褐色,卵块中卵粒排列较松散。幼虫体长约 9 毫米,淡黄褐色,纺锤形,背面隆起。体背各节有黑色枝刺,其基部有淡黑色斑纹。蛹长约 6 毫米,椭圆形,淡黄色,背面有稀疏细毛及黑色斑纹(图 5-7)。

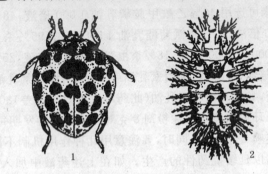

图 5-7 马铃薯瓢虫
1. 成虫 2. 幼虫

(2)茄二十八星瓢虫 该虫比马铃薯瓢虫各虫态略小,其不同于马铃薯瓢虫的主要特征如下:成虫前胸背板多有 5 个黑色斑(有时中间 4 个连成 1 个黑斑),两鞘翅合缝处黑斑不相连,鞘翅基部第二列的 4 个鞘黑斑基本在一条线上。卵块中卵粒排列较整齐密集。幼虫体节枝刺白色,其基部有黑褐色环纹。蛹背面有浅黑色斑。

【生活习性】 马铃薯瓢虫在东北、华北等地 1 年发生 2 代,少数 1 代。以成虫群集在背风向阳的山洞、树洞、石头、土块下和树皮裂缝,以及山坡或半坡地土中越冬。于翌年 5 月下旬出蛰,先在枸杞、龙葵等茄科杂草上取食,再逐渐迁移到马铃薯、茄子上繁殖为害。6 月上中旬为产卵盛期,卵多产在叶背,常为 20～30 粒直立成块。越冬代成虫寿命 300 余天,每雌平均产卵约 400 粒。第五代成虫寿命为 40 余天,每雌平均产卵约 240 粒,卵期 5～6 天。

幼虫共 4 龄,1 龄幼虫多群集叶背取食,2 龄后则分散为害,幼虫期 15～23 天。6 月下旬至 7 月上旬、8 月中旬分别是第一、第二代幼虫为害盛期。老熟幼虫在叶背或茎上化蛹。当马铃薯成熟收获后,成虫向茄子、菜豆、番茄、玉米等作物迁飞。成虫早晚静伏,上午 10 时至下午 4 时最活跃,有假死性。夏季高温时,成虫多藏在遮荫处停止取食,生育力下降且幼虫死亡率很高。此虫属北方暖地种,不能分布于过热地区,在春播夏收薯区为害轻,而在一作薯区为害重。

茄二十八星瓢虫在江苏、安徽等地 1 年发生 3 代,华中 1 年 5 代,福建等地 1 年 6 代,世代重叠发生。越冬代成虫于翌年 3 月下旬至 4 月上中旬出蛰。先在野生茄科植物上取食,再迁移到茄科作物上为害,以茄子受害最重。此虫适于高温高湿条件,在南方各地为害期较长,至 11 月上旬气温下降到 18℃时,成虫迁入杂草、疏松土壤、树皮裂缝或篱笆、墙壁等间隙中越冬,稍有群集现象。其他生活习性与马铃薯瓢虫相似。

【防治方法】

(1)人工捕杀　冬、春季检查越冬场所,捕杀群居越冬的马铃薯瓢虫成虫。在两种害虫大发生时,可利用成虫的假死习性,早晚拍打植株并用盆接住坠落的害虫予以消灭。及时处理果实收获后的马铃薯、茄子残株,在成虫产卵季节及时摘除卵块。

(2)药剂防治　在越冬代成虫迁移和第一代幼虫孵化盛期喷药,可选用 80％敌百虫可溶性粉剂或 80％敌敌畏乳油各 1 000 倍液,50％辛硫磷乳油 2 500 倍液,50％马拉松乳油或 5％鱼藤酮乳油各 1 000 倍液,50％杀螟丹可溶性粉剂每 667 平方米 50～100 克对水 50 升,2.5％溴氰菊酯乳油或 10％氯氰菊酯乳油 1 500～3 000 倍液喷雾。此外,在缺少药械和水源的山区,可用 40％氧化乐果乳油 1 份对水 9 份盛于容器中,在马铃薯植株离地面 7～10 厘米的主茎枝杈下用毛笔或自制涂茎器,涂抹一下即可。每 667

平方米用药 50 克,持效期为 15 天。

思 考 题

1. 番茄、茄子、辣椒分别有哪些主要病害和虫害? 如何防治?
2. 如何防治茄子黄萎病?

第六章 葫芦科蔬菜病虫害

第一节 病 害

1. 黄瓜霜霉病

黄瓜霜霉病俗称"跑马干",是黄瓜主要病害之一,各地普遍发生。在适宜条件下,病害发展迅速,1～2周内可使瓜秧枯黄,提早拉秧。一般该病流行年份,可使黄瓜减产20％～30％,严重时损失50％～60％,甚至绝收。除危害黄瓜外,还可危害甜瓜、丝瓜、冬瓜等。

【危害症状】 主要危害叶片。从出苗到生长后期均可受害,但主要危害成株期的叶片。幼苗感病,子叶正面出现不均匀的褪绿黄化斑,后呈不规则的枯黄斑。潮湿时,病部背面生灰黑色霉层,病叶很快干枯,幼苗死亡。成株期受害,多在开花结瓜后开始发病,一般下部叶片先发病。发病时,叶面呈现水渍状褪绿斑点,病斑扩大时受叶脉限制而呈多角形,黄绿色至褐色,病健交界不明显。环境潮湿时,病斑背面生有一层灰紫色至紫黑色霉层。严重时病斑连片,造成叶片自下而上干枯(图6-1)。

【病 原】 由古巴假霜霉菌侵染所致,属鞭毛菌亚门真菌。

【发病规律】

(1)传播方式 在冬季温暖的地区,寄生菌可常年存在于寄主植物上,并在适宜条件下形成孢子囊,通过气流和雨水传播。北方随着保护地栽培迅速发展,病菌在温室、大棚和露地黄瓜上交替寄生,病原常年不断。而且,每年春季南方病区产生的大量孢子囊,

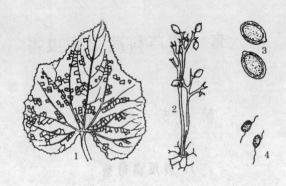

图 6-1 黄瓜霜霉病

1. 病叶 2. 分生孢子梗 3. 孢子囊 4. 游动孢子

随季风北移,增加了北方的孢源。侵染时由孢子囊产生的孢子,萌发芽管,或孢子囊直接萌发芽管,经叶片表皮直接侵入,引起病害流行。在适宜的环境条件下,4～5 天的潜育期即可呈现病斑,并产生大量的孢子囊重复侵染,使病害不断扩展蔓延。

(2)发病条件 霜霉病的发生和流行与温、湿度关系最大。病害在田间发生的气温为 16℃ 左右,适于流行的气温为 20℃～24℃。一般白天温暖、夜间凉爽、昼夜温差大的天气最有利于发病。湿度是影响霜霉病发生的关键因素。孢子囊的产生、萌发以及侵入均需高湿度。高湿低温是发病的重要条件。在棚室黄瓜上,如通风不良,湿度大,昼夜温差大,叶面结露,病害迅速扩展蔓延。当温度低于 15℃ 或高于 30℃ 时,病害的发展受到抑制。

【防治方法】

(1)选用抗病品种 各地可因地制宜地选用适宜品种,以有效地减轻该病危害。

(2)加强栽培管理措施 培育壮苗,定植前喷药,带药移栽,防止苗期带病进入大田;施足基肥,多施腐熟的有机肥,增施磷、钾肥;定植后至生长前期适当控制浇水,开花结瓜后及时追肥、浇水;

保护地内浇水后注意通风排湿,保持夜间空气相对湿度在70%以下,以清晨叶面无结露为好。

(3)生态防治　棚室栽培,上午棚温控制在25℃～30℃,最高不超过33℃,空气相对湿度降至75%以下;下午温度降至20℃～25℃,空气相对湿度降至70%左右;夜间温度控制在15℃～20℃,下半夜最好控制在12℃～13℃,早晨叶面无露水,这样可抑制病害的发生。

(4)高温闷棚　大棚黄瓜普遍发病后,在晴天中午闭棚2小时,使植株生长点附近温度升至45℃,然后通风降温。处理1次可控病7～10天。闷棚时要求棚内湿度高,必要时可在前1天浇1次水。另外,要根据品种及植株耐温性确定是否进行高温处理。

(5)药剂防治　药剂在目前仍是防治霜霉病的有效措施。一是熏烟法。首次熏烟一般在结瓜期发病前进行。用45%百菌清烟剂安全型,按棚室面积每667平方米用药量为200～250克,傍晚时将药剂分放在棚内4～5处,由里向外逐次发烟,密闭棚室,翌日清晨通风,可照常田间作业。隔7～10天熏1次,除可防治霜霉病外,还可兼治白粉病、炭疽病等。二是喷粉法。在黄瓜成株期,每667平方米用5%百菌清粉尘剂,或10%多·百粉尘剂,或10%防霉灵粉尘剂1千克喷粉。三是喷雾法。可用25%甲霜灵可湿性粉剂500～600倍液,或58%甲霜灵·锰锌可湿性粉剂600倍液,或50%甲霜铜可湿性粉剂700倍液,或64%噁霜·锰锌可湿性粉剂500倍液,或2.2%霜霉威水剂800倍液,或70%三乙膦酸铝·代森锰锌可湿性粉剂500倍液喷布,药液一定要喷到叶片背面。每隔7天左右喷1次,连续喷3～4次,药剂应轮换使用。有的地区,霜霉病菌对甲霜灵、噁霜·锰锌杀菌剂产生抗药性,可换用72%霜脲氰·代森锰锌或72%霜脲氰·代森锰锌可湿性粉剂600～800倍液喷布,喷药间隔期为10～15天,一般喷2次。

2. 黄瓜白粉病

黄瓜白粉病俗称白毛，全国各地普遍发生。该病在全生育期都可危害，以中、后期发病较重，是黄瓜的主要病害之一。除危害黄瓜外，还能危害西葫芦、甜瓜、南瓜、西瓜、冬瓜、丝瓜等。

【危害症状】 此病主要危害叶片，病情严重时可遍及叶柄、茎蔓等，果实受害少。发病初期，叶片正面或背面产生白色近圆形的星状小粉斑，以叶面为多，环境适宜时，逐渐扩大成边缘不明显的连片白粉斑，严重时布满整个叶片。发病后期，白粉逐渐变为灰白色，叶片干枯。叶柄和茎上病斑与叶片相似，只是白粉量少。发病后期，在不良的环境下，衰老叶片的白粉层里或表面上产生成堆的黄褐色至黑色小粒点，即病菌的闭囊壳(图 6-2)。

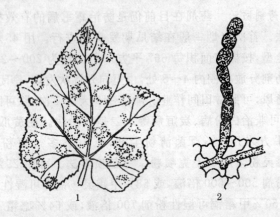

图 6-2 黄瓜白粉病
1. 病叶 2. 病原菌

【病　原】 由单丝壳白粉菌侵染所致，属子囊菌亚门真菌。

【发病规律】

(1)传播方式 病菌在北方以闭囊壳于土壤里的病株残体上

或保护地的黄瓜上过冬,在南方以菌丝体或分生孢子在寄主上越冬、越夏,成为翌年的初侵染源。在条件适宜时,子囊孢子在寄主表面萌发产生吸器,伸入寄主表皮细胞进行危害。病部产生的分生孢子,借气流和雨水传播。由于病菌繁殖速度极快,可在短期内引起病害流行。

(2)发病条件 白粉病菌喜温暖潮湿、耐干燥。白粉病在10℃~25℃均可发生。在塑料棚和温室内,白粉病能否流行,取决于湿度和寄主长势。一般湿度大,有利于白粉病流行。该病常在高温高湿与高温干旱交替出现,植株长势弱时,发病较重。保护地湿度较大,空气不流通,适于白粉病的发生。光照不足,管理粗放,施肥浇水不当,通风不良,植株徒长、早衰,天气闷热或温度忽高忽低等,白粉病发生严重。棚室黄瓜一般在3~6月份最易发病。

【防治方法】

(1)选用抗病品种 不同黄瓜品种对白粉病的抗病性有差异,应因地制宜地选用抗病品种。

(2)棚室消毒 定植前2~3天,每100立方米棚室用硫黄粉250克与500克锯末混匀,分别装入小塑料袋或盛在小花盆里,在棚室内分放几处,于傍晚密闭棚室用暗火点燃熏1夜。熏蒸时,棚室内的温度最好保持在20℃左右。黄瓜生长期慎用硫黄熏蒸,以防止发生药害。此外,每667平方米可使用45%百菌清烟剂250克,分4~5处在棚室内放置,于傍晚点燃熏蒸。

(3)加强田间管理 施足基肥,增施磷、钾肥,培育壮苗,以增强植株抗病能力。棚室内的管理主要是注意通风透光,降低湿度,保持适宜的温度。浇水宜在晴天上午进行,做到阴天不浇水,晴天多通风。

(4)药剂防治 在发病前或发病初期,采用27%高脂膜乳剂80~100倍液喷布叶片,在叶面上形成一层薄膜,以阻止病菌侵入,同时可造成缺氧条件使白粉菌死亡。一般隔6~7天喷1次,连续喷 2～3 次。也可选用 15％三唑酮可湿性粉剂 1 500 倍液，20％三唑酮乳油 2 000～3 000 倍液,50％硫黄悬浮剂 300～400 倍液,每隔 10～15 天喷 1 次。保护地黄瓜每 667 平方米用 45％百菌清烟剂安全型 250 克分放若干点点燃密闭熏烟。

3. 黄瓜枯萎病

黄瓜枯萎病又叫萎蔫病、蔓割病,俗称"死秧"。我国各地均有发生。一般温室和大棚黄瓜比露地黄瓜发病重。

【危害症状】 幼苗期到成株期均可发病。一般在开花结瓜后于田间陆续出现病株。苗期发病,幼苗萎蔫,茎基部变褐收缩,继而发生猝倒现象。潮湿时,茎基部产生白色至粉红色霉层。成株期发病,初期叶片自下而上呈失水状,白天萎蔫,早晚恢复,3～4天后植株或部分枝蔓萎蔫,不再恢复常态,整株逐渐枯死。病株蔓基部褐色,稍收缩。随着病情加重,近基部茎蔓常纵裂,有时流出似松脂状的胶质物,干后呈胶粒状。潮湿时,病部布满白色至粉红色霉状物。剖视病茎蔓,可见维管束呈黄褐色至褐色。

【病　原】 由尖镰孢菌黄瓜专化型侵染引起,属半知菌亚门真菌。

【发病规律】

(1)传播方式　病菌可以菌丝体潜伏在种皮内,又可以菌丝体、菌核和厚垣孢子随病残体在土壤中越冬。当无寄主时,病菌还可在土壤中营 5～6 年的腐生生活。病菌从黄瓜根部和茎部的伤口或直接从根毛顶端细胞间隙侵入,在维管束组织中发育并扩展蔓延,危害维管束及其附近组织,并产生毒素,导致植株萎蔫、枯死。该病在田间主要通过带菌的土壤和流水蔓延。

(2)发病条件　发病最适温度为 20℃～25℃,空气相对湿度90％以上。因此,阴雨天发病偏重。土壤潮湿、黏重、微酸,排水不良,多年连作,偏施氮肥等,均易发病。

【防治方法】

(1)选用抗病品种 与其他蔬菜实行 3～5 年轮作,使用腐熟肥料,及时追肥,合理灌水。

(2)嫁接防病 选择云南黑籽南瓜或南砧 1 号作砧木,取计划选用的黄瓜品种作接穗,采用靠接法或插接法嫁接。

(3)药剂防治 定植时,每 667 平方米用 50%多菌灵可湿性粉剂 4～5 千克拌细土撒入定植穴内。发病初期采用药液灌根,可选用 50%多菌灵可湿性粉剂 500 倍液,40%多菌灵胶悬剂或 50%甲基硫菌灵可湿性粉剂 400 倍液,30%琥胶肥酸铜杀菌剂 350 倍液,每株灌药 0.3～0.5 升,间隔 7～10 天灌 1 次,连灌 2～3 次。

4. 黄瓜疫病

黄瓜疫病俗称死藤,全国各地均有发生。南方春黄瓜、北方夏秋黄瓜发病率较高,常年发病率为 10%左右,严重时超过 50%。该病除危害黄瓜外,还危害冬瓜、南瓜、菜瓜和西瓜等葫芦科蔬菜。

【危害症状】 苗期至成株期均可染病,主要危害茎基部、叶及果实。幼苗发病多始于嫩尖,初呈暗绿色水渍状,逐渐萎蔫。成株发病主要在茎基部或嫩茎节部,出现暗绿色水渍状斑,后变软,显著收缩,病部以上叶片萎蔫或全株枯死。叶片上产生圆形或不规则形水渍状大斑,边缘不明显,扩展迅速,干时呈青白色,易破裂,扩至叶柄时,叶下垂。瓜条或其他部位受害,初为水渍状暗绿斑,逐渐缢缩、凹陷,潮湿时表面长出稀疏白霉。

【病 原】 由甜瓜疫霉菌侵染引起,属鞭毛菌亚门真菌。

【发病规律】

(1)传播方式 该病为土传病害。以菌丝体、卵孢子及厚垣孢子随病残体在土壤或粪肥中越冬。条件适宜时,长出孢子囊,随风、雨和灌溉水传播。侵染发病后,产生大量孢子囊,借气流传播,进行再侵染,使病害迅速扩展蔓延。

(2)发病条件 高温、高湿有利于发病。一般孢子囊的产生和萌发适宜温度为 18℃～24℃,发病最适温度 28℃～30℃,释放游动孢子需要水。低温降雨、高温高湿均有利于病菌侵染发病,且潜育期短(仅 3～4 天),病害发展极为迅速,危害严重。浇水过勤发病重,连作地易发病。

【防治方法】

(1)选用抗病品种 根据地方适应性,适当选种。但大多抗疫病的品种,易感染霜霉病和白粉病。

(2)种子和苗床处理 用 25％甲霜灵可湿性粉剂或 72.2％霜霉威水剂 800 倍液浸种;每平方米苗床撒施 25％甲霜灵可湿性粉剂 8 克与土拌匀后撒在苗床上,或配成 750 倍液喷淋苗床。

(3)加强栽培管理 与非瓜类作物实行 3 年以上轮作;采用嫁接苗,实行地膜覆盖,以减少病菌侵染机会;前期控制浇水,结瓜后小水勤浇;发现病株及时拔除深埋。

(4)药剂防治 发病初期,喷洒或浇灌 70％三乙膦酸铝、代森锰锌可湿性粉剂 500 倍液,或 72.2％霜霉威水剂 600～700 倍液,或 58％甲霜灵·锰锌可湿性粉剂 500 倍液,或 64％噁霜·锰锌可湿性粉剂 500 倍液,或 72％霜脲氰·代森锰锌可湿性粉剂 600 倍液。每 7～10 天喷(灌)1 次,连续喷(灌)3～4 次。

5. 黄瓜细菌性角斑病

黄瓜细菌性角斑病各地均有发生,是我国黄瓜的一种重要病害。此病除危害黄瓜外,还危害南瓜、丝瓜和甜瓜等。该病易与霜霉病混淆而延误防治适期。

【危害症状】 主要发生在叶片上,叶柄、卷须也可染病,果实发病不常见。幼苗多在子叶上出现水渍状圆病斑,稍凹陷,变褐枯死。成株叶片发病,最初产生水渍状小斑点,病斑扩大因受叶脉限制,形成多角形黄色病斑;潮湿时病斑外围具有明显水渍状圈,并产生白色菌脓,干燥时病斑干裂、穿孔。瓜条和茎蔓病斑初期也是水渍状,后出现溃疡或裂口,并有菌脓溢出,病部干枯后呈乳白色并有裂纹。瓜条病斑向深部腐烂直至种子上,引起种子感染和带菌(图 6-3)。

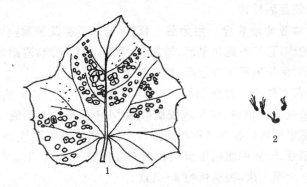

图 6-3　黄瓜细菌性角斑病
1. 病叶　2. 病原菌

【**病　　原**】　由丁香假单胞菌黄瓜角斑病菌致病变种侵染所致的细菌病害。

【**发病规律**】

(1)传播方式　病原菌随黄瓜病残体在土壤中或附着在种子表皮上越冬。环境条件适宜时,病菌被雨水溅到叶片和茎上,从气孔、水孔、皮孔等自然孔口和伤口侵入,侵染危害;播种带菌的种子,种子萌发后立即侵染子叶,引起发病。病菌在叶片上产生菌脓,通过风、雨以及昆虫和农事操作等途径传播,进行重复侵染。

(2)发病条件　发病的适宜温度为 24℃～28℃,适宜的空气相对湿度为 70％以上。温暖、低洼潮湿、重茬地发病严重。在大棚中,病菌可借棚顶的大量水珠下落或结露水滴落、飞溅传播蔓延。昼夜温差大,结露重且持续时间长,有利于发病。

【防治方法】

(1)选用抗病品种 选播无病种子和对种子实行消毒可有效地减轻危害。种子消毒用氯霉素 500 倍液或硫酸链霉素 100 万单位 500 倍液浸种 2 小时,或农用链霉素 200 毫克/千克浸种 30 分钟,取出催芽后播种。

(2)加强栽培管理 用无菌土育苗,与非瓜类蔬菜间隔 2～3 年以上轮作,移植时施足基肥,增施磷、钾肥,深翻土地,避雨栽培,清洁田园,保护地通风降湿等,均有控制发病的作用。

(3)药剂防治 发病初期,每 667 平方米可选用 50%琥胶肥酸铜杀菌剂 500 倍液,60%琥胶肥酸铜 M 杀菌剂 500 倍液,72%农用链霉素可溶性粉剂 4 000 倍液,77%氢氧化铜可湿性微粒粉剂 500 倍液,50%甲霜铜可湿性粉剂 600 倍液 60～75 千克喷雾,每 7～10 天喷 1 次,视病情喷 2～3 次。

6. 黄瓜炭疽病

该病全国各地均有发生,但南方发生较普遍。北方近年来随着保护地面积的扩大,该病也有加重的趋势。此病除危害黄瓜外,也危害冬瓜、瓠子、苦瓜等葫芦科蔬菜。

【危害症状】 在黄瓜各生育阶段均可发病,危害不同部位。幼苗染病后,茎基部缢缩,表皮由黄变褐,有时子叶上还产生红褐色的圆形或半圆形病斑,最后幼苗倒伏死亡。叶片发病,病斑近圆形、褪绿,后为黄褐色或红褐色。后期叶片上的病斑易破裂,形成穿孔。茎部发病,产生长椭圆形或梭形病斑,稍凹陷,具红褐色边缘。瓜条发病,多产生红褐色圆形的凹陷斑,病斑上有黑色小粒点。潮湿时,病斑上溢出粉红色黏状物,即病菌的分生孢子角。

【病　　原】 由葫芦科刺盘孢菌侵染引起,属半知菌亚门真菌。

【发病规律】

(1)传播方式 病菌以菌丝、拟菌核在种子上或随病残体在土壤中越冬,也可在保护地内越冬。在适宜条件下,病菌产生分生孢子,靠流水、雨水及人和昆虫的活动、传播侵染危害。潜伏在种子上的菌丝体也可直接侵入子叶,使幼苗发病。

(2)发病条件 该病在 10℃～30℃ 条件下均可发生,但发病的最适温度为 24℃。湿度是影响该病发生的重要因素。在适宜的温度条件下,湿度越大发病越重。当空气相对湿度为 87%～98%、温度为 24℃ 时,3 天后即可发病。温度高于 30℃ 或低于 10℃,病情发展缓慢。因此,地势低洼,排水不良,氮肥过多,密度过大,保护地通风不及时,露地连茬和雨季等,均有利于病菌侵染、发病。

【防治方法】

(1)选用抗病品种 种植当地抗病的品种,种子用 50℃～55℃ 温水浸 20 分钟。

(2)加强田间管理 实行 3 年以上轮作;用无病土育苗,地膜覆盖栽培;增施磷、钾肥,提高植株抗病力。

(3)加强棚室温、湿度管理 将棚内空气相对湿度控制在 70% 以下,减少叶面结露和吐水;田间操作、除病灭虫、绑蔓、采收等,应在露水干后进行,这样可减少人为传播。

(4)药剂防治 在发病初摘除病叶后,选用 75%百菌清可湿性粉剂 600 倍液,50%苯菌灵可湿性粉剂 1 500 倍液,50%多菌灵可湿性粉剂 500 倍液,50%炭疽福美可湿性粉剂 500 倍液,50%甲基硫菌灵可湿性粉剂 600 倍液,2%抗霉菌素或 BO-10 水剂 200 倍液,70%代森锰锌可湿性粉剂 500 倍液,50%多菌灵可湿性粉剂 1 000 倍液加 75%百菌清可湿性粉剂 1 000 倍液喷雾。每 7～10 天喷 1 次,连喷 3～4 次。也可用烟熏法或粉尘法防治。首次熏烟一般在结瓜期发病前进行,每 667 平方米棚室面积用 45%百菌清烟剂安全型 200～250 克熏烟,傍晚时将药剂分放在棚室内 4～5 处,密闭棚室,由里向外逐次发烟,翌日清晨通风后照常田间作业。

每 7～10 天熏 1 次。

7. 黄瓜蔓枯病

该病是露地秋黄瓜和冬春保护地黄瓜的重要病害。部分地区发生普遍,危害严重,引起死秧,产量损失很大。该病还危害西葫芦、丝瓜、冬瓜、西瓜、甜瓜等。

【危害症状】 主要危害茎、蔓和叶片。叶片发病,产生圆形大斑,直径在 15 毫米以上。有的自叶缘发病,向内发展,病斑呈"V"字形,浅褐色至黄褐色,后期病斑容易破碎。病斑上轮纹不明显,上生许多小黑点,即病菌的分生孢子器。茎蔓病斑梭形或椭圆形,淡褐色,多出现在蔓节部位。病斑有红褐色边缘,中央灰白色,逐渐变为黄褐色,稍有凹陷,上面布满黑色小粒点。病斑上有时溢出琥珀色的树脂胶状物。后期病茎干枯,病部纵裂呈乱麻状,但维管束不变色,以此有别于枯萎病。潮湿时,茎节腐烂、变黑,甚至折断。

【病　原】 由瓜类球腔菌侵染引起,系子囊菌亚门真菌。

【发病规律】

(1)传播方式　病菌多以分生孢子器在病株残体上、土壤里、种子上和架材上越冬。病菌随风雨、灌溉水、农事操作及昆虫进行传播。从叶片气孔、水孔及伤口侵入,引起发病。

(2)发病条件　病害发生流行需要较高的温度和湿度。在 5℃～35℃下均可发病,但以温度为 20℃～24℃、空气相对湿度为 85％以上、土壤含水量大时易发病。大棚和温室在高温、高湿、通风不良、植株长势差或徒长的条件下,容易发病。

【防治方法】

(1)选用无病种子或对种子进行消毒　可用 55℃温水浸种 15 分钟,或用福尔马林 100 倍液浸种 30 分钟,用水冲洗干净后播种或催芽播种。

（2）加强栽培管理　与非瓜类作物实行 2～3 年轮作；施足基肥，增施磷、钾肥和腐熟的有机肥，及时追肥，提高植株生长势，增强抗病能力；清洁田园，及时摘除病叶、病蔓、病瓜及底部老叶，并清理出棚室外深埋或烧毁；棚室内注意通风降湿等。

（3）药剂防治　发病初期，可选用 75% 百菌清可湿性粉剂 600 倍液，或 70% 代森锰锌可湿性粉剂 500 倍液，或 70% 甲基硫菌灵可湿性粉剂 1 000 倍液，或 50% 混杀硫悬浮剂 500～600 倍液，或 36% 甲基硫菌灵悬浮剂 400～500 倍液进行全棚喷药，3～4 天后再喷 1 次，以后视病情用药。也可在黄瓜病茎部涂抹甲基硫菌灵或多菌灵可湿性粉剂 20～100 倍液，或用代森锰锌可湿性粉剂 10 倍液涂抹病茎，可以抑制病害蔓延。

8. 黄瓜灰霉病

黄瓜灰霉病是保护地黄瓜的主要病害。该病除危害黄瓜外，也危害茄子、辣椒、番茄、马铃薯、甘蓝、菜豆、蚕豆、莴苣等。

【危害症状】　以危害果实为主，病菌多由开败的花侵入，引起花腐烂，长出灰褐色霉层。病害向幼嫩瓜条扩展，小瓜条变软、腐烂和萎缩，病部长有灰褐色霉层。大瓜条病部先发黄，后长出白霉并渐变成淡灰色，最后腐烂、脱落。叶片受害多产生大型枯斑，边缘明显，生有少量灰霉。幼苗和茎发病常引起死苗和烂秧，并长有灰霉。

【病　原】　由灰葡萄孢菌侵染引起，属半知菌亚门真菌。

【发病规律】

（1）传播方式　病菌以菌丝体、分生孢子和菌核在土中和病株残体上越冬，成为翌年的初侵染源。随气流、雨水及农事操作传播、蔓延，从表皮、气孔或伤口侵入。

（2）发病条件　发病适温为 4℃～32℃，最适温度 18℃～23℃，并要求很高的湿度，空气相对湿度一般在 90% 以上。因此，冬春季温室黄瓜因不及时通风致使湿度大、温度偏低,发病严重。

【防治方法】

(1)生态防治 推广高畦覆膜栽培和膜下暗灌或滴灌浇水技术;生长前期及发病后,适当控制浇水,适时适量通风,适当晚通风;棚温提高至33℃时,病菌不产孢,降低棚室湿度,减少棚室滴水和叶面结露及叶缘吐水,以控制病情发展。

(2)加强棚室管理 推广高畦覆膜栽培和膜下暗灌或滴灌浇水技术;合理密植,施足基肥,增施有机肥和磷、钾肥,及时追肥;及时摘除病花、病果、病叶及底部老叶,带出棚室外深埋或烧毁;加强通风换气,防止湿度过高,注意保温,防止寒流袭击。

(3)药剂防治 棚室发病初期,采用烟雾法或粉尘法防治。每667平方米用10%腐霉利烟剂200~250克,或45%百菌清烟剂250克,熏3~4小时。也可于傍晚每667平方米喷撒10%灭克粉尘剂或5%百菌清粉尘剂或10%杀霉灵粉尘剂1千克,隔7~10天喷1次,连续或与其他防治方法交替使用2~3次。也可在发病初期用50%腐霉利可湿性粉剂2 000倍液,或50%异菌脲可湿性粉剂1 000~1 500倍液,或65%硫菌霉威可湿性粉剂1 000~1 500倍液,或70%甲基硫菌灵可湿性粉剂1 000倍液,或50%乙烯菌核利可湿性粉剂1 000倍液喷雾。药剂预防效果好于治疗效果,发病后用药,应适当加大用药量,几种药剂交替或复配使用。

9. 黄瓜黑星病

黄瓜黑星病又称疮痂病,是保护地黄瓜的重要病害之一,是国内植物检疫对象。我国北方棚室黄瓜发生普遍。此病除危害黄瓜外,也危害南瓜和甜瓜。

【危害症状】 该病发生几乎遍及植株地上所有部位,幼嫩器官受害较重。子叶染病,产生黄白色近圆形病斑。成株期叶片上产生污绿色近圆形斑,后变为黄褐色,干枯、穿孔。茎蔓上则产生黄褐色梭形病斑,中部略凹陷,表皮粗糙呈疮痂状。瓜条染病开始流胶,以后发展为深褐色凹陷斑,病斑呈疮痂状,受害瓜条多畸形,无食用价值。高湿时,病斑上长出灰黑色霉层。

【病　　原】　瓜疮痂枝孢霉菌,属半知菌亚门真菌。

【发病规律】

(1)传播方式　病菌以病株残体内的菌丝体和菌丝块在土壤里越冬,或以菌丝体在种子内及分生孢子附着于种皮越冬。种子带菌是该病远距离传播的重要途径。初侵染源以分生孢子萌发芽管,经气孔、伤口或表皮直接侵入寄主。寄主病部产生的孢子借助水和气流传播进行再侵染。

(2)发病条件　发病最适温度为 20℃～22℃,空气相对湿度为 90% 以上。在冷凉高湿的环境下发病重。因此,连阴天、光照不足、植株郁闭、空气相对湿度过大、长期重茬和播种带病种子是引起发病的重要条件。

【防治方法】

(1)加强种子检疫　重视种子检疫工作,从无病区引种。选无病棚、无病株留种。

(2)种子处理　用 55℃～60℃ 恒温水浸种 16 分钟,或用 50% 多菌灵可湿性粉剂 500 倍液浸种 20 分钟,再用清水洗净后催芽。也可用相当于种子重量 0.3% 的多菌灵可湿性粉剂拌种。

(3)棚室消毒　定植前 10 天,每 55 立方米空间用硫黄粉0.13 千克加锯末 0.25 千克混匀后分放几处点燃,密闭大棚熏一夜。

(4)药剂防治　初发病时每 667 平方米用 45% 百菌清烟雾剂250 克熏烟,或用 10% 多·百粉尘剂 1 千克喷撒。也可喷施 50%多菌灵可湿性粉剂 500 倍液,或 70% 甲基硫菌灵可湿性粉剂 1 000倍液,或 75% 百菌清可湿性粉剂 600 倍液,或 50% 苯菌灵可湿性粉剂 1 500 倍液,7 天左右喷 1 次药液,连喷 2～4 次,露地黄瓜连喷 3～5 次。

10. 黄瓜菌核病

黄瓜菌核病是保护地瓜果类蔬菜最重要的病害之一。一般受害地块损失 10％～30％，损失严重者达 90％以上。本病除危害黄瓜外，还危害甘蓝、白菜、油菜、萝卜、番茄、辣椒、茄子、马铃薯、菜豆、莴苣、胡萝卜等蔬菜作物。

【危害症状】 黄瓜各生育期均可发病，主要危害茎叶及果实。植株发病多在茎基部，出现水渍状病斑，渐渐扩大使病茎变淡褐色软腐，产生白色棉絮状菌丝和黑色菌核，表皮纵裂，植株干枯。茎表纵裂，而木质部不腐败，故植株不表现萎蔫，且茎中不形成菌核。叶片和叶柄发病呈水渍状腐烂，长出菌丝和菌核。果实多由顶端残花处发生，呈水渍状扩展，病健部界限不明显，最后整个瓜条湿腐或腐烂，上面长有白色菌丝和黑色鼠粪状菌核。

【病　原】 由核盘菌侵染所致，属子囊菌亚门真菌。

【发病规律】

(1)传播方式　病菌以菌核在病残体内或土壤中越冬。菌核在适宜条件下萌发出土。子囊盘成熟后释放出子囊孢子，借气流传播和侵染危害。

(2)发病条件　低温高湿有利于发病。菌核萌发适温为 15℃左右，孢子萌发适温为 5℃～10℃，菌丝生长最适温度为 20℃左右。空气相对湿度为 85％以上有利于孢子的萌发和菌丝生长。棚室黄瓜一般早春阴雨天较多，气温偏低，同时因栽植过密致使通风不良、湿度较大，所以发病重。

【防治方法】

(1)种子处理　用 10％盐水漂浮菌核并予以汰除。种子用 50℃温水浸泡 10 分钟，并经清水冷却后催芽播种。

(2)加强栽培管理　黄瓜收获后彻底清除病残体。发病初期及时摘除病叶、病果并深埋。发病田深翻地后灌水,再密闭棚室,促使菌核在土壤中腐烂、死亡。也可覆盖地膜,阻止病菌子囊盘出土和子囊孢子扩散。适时通风,降低棚室湿度,防止温度偏低、湿度过大。

(3)药剂防治　发病初期,选用 40%菌核净可湿性粉剂1 000~1 500 倍液,50%腐霉利可湿性粉剂 1 000~1 500 倍液,50%异菌脲可湿性粉剂 1 000 倍液,50%乙烯菌核利可湿性粉剂1 000 倍液喷雾。每 10 天左右喷洒 1 次,连续喷 2~3 次。

11. 黄瓜根结线虫病

根结线虫病是世界性病害,在我国南北菜区也相继发生,造成不同程度的损失,重者可达 60%以上。病原线虫除自身造成危害外,还可传播或诱发某些真菌和细菌病害。其寄主除黄瓜外,还有番茄、茄子、莴笋、菜豆、胡萝卜、芹菜、甘蓝和大白菜等 30 多种蔬菜,而葱、蒜、韭菜和辣椒等受害较轻。

【危害症状】　属土传病害,主要发生在根部,以侧根和须根最易受害,形成大小和形状不同的瘤状根结,有的呈串珠状发生,使根系变粗。地上部表现为植株矮小,叶片发黄,长势衰弱似缺水缺肥状,结瓜少且瓜小,严重时整株逐渐萎蔫、死亡。

【病　原】　根结线虫属线形动物门、线虫纲、根结线虫属。主要有南方根结线虫,其次是爪哇根结线虫、花生根结线虫和北方根结线虫。

(1)成虫　雄虫固定寄生在根内,呈鸭梨形或卵形,乳白色,大小为(0.44~1.59)毫米×(0.26~0.81)毫米。雄虫呈线状,无色、透明,大小为(1~2)毫米×(0.3~0.4)毫米,主要生活在土中。

(2)卵　椭圆环形或略呈肾脏形,大小为(0.07~0.13)毫米×(0.03~0.05)毫米,藏于棕黄色的胶质卵囊内,1 个卵囊内有卵100~300 粒。

(3)幼虫　共4龄。1龄幼虫在卵内孵化,蜕皮后破壳而出为2龄幼虫,体线形,无色、透明,进入土壤后再侵染根部。3龄、4龄幼虫寄生于根内。

【发病规律】

(1)传播方式　病原线虫以2龄幼虫、卵囊中卵和雌成虫随病残体在土壤和粪肥中越冬。翌年条件适宜时,在寄主根分泌物的诱引下,2龄幼虫向根部移动,并从根冠上方侵入,刺激导管细胞膨胀,在根部形成根结。线虫多分布在20厘米土层内,以3～10厘米土层居多;以两性生殖为主,每雌虫可产卵300～800粒,也可营孤雌生殖。在27℃时完成1代需25～30天,在蔬菜生长季节其数量增长很快。田间主要通过病土、病苗和灌溉水传播,农事操作及农具携带也有一定的传播作用。根结线虫一旦发生,较难清除。

(2)发病条件　南方根结线虫、瓜哇根结线虫生长和繁殖最适温度为25℃～30℃。土壤较干燥、通气较好、结构疏松的沙质土壤,适合线虫的活动而发病重。土温超过40℃或低于5℃,该病菌很少活动。致死温度55℃10分钟。重茬地发病重。黄瓜、番茄是高感菜类,连作期越长发病越重。

【防治方法】

(1)选择无病土育苗　增施腐熟的厩肥、河泥等有机肥,搞好田园卫生,收获后清除病根残体和田间杂草。菜地休闲时灌水或深翻晒土,把表土翻至20厘米以下,可减轻危害。

(2)实行轮作或无土栽培　黄瓜、番茄与大葱、大蒜、韭菜和辣椒轮作,可减轻发病。与水稻或水生蔬菜轮作,效果更好。采用无土栽培有良好的防病作用,如采用基质栽培,应防止槽内铺垫的塑料布破损,造成土壤内线虫侵染危害。

(3)棚室消毒　夏天拉秧后利用太阳能进行热力消毒。将稻草或麦秸切成4～6厘米小段,每667平方米施用稻草或麦秸500

千克与石灰 50～100 千克后,深翻 66 厘米,起高垄 33 厘米,然后灌水,使土壤接近饱和,使埂与埂之间藏水,铺上地膜或旧薄膜,再密闭棚室 15～20 天,地表温度可达 50℃以上,地下 20 厘米处地温也可达 45℃以上,这样可基本杀死土壤中的线虫及病菌,并能改善土壤理化性状。

(4)药剂防治 定植前 10～15 天,每 667 平方米沟施或穴施 3%甲基异柳磷颗粒剂 2～3 千克;或用 33%威百亩水剂 3～4 千克加水 50～70 升开沟浇施,然后覆土踏实。或每 667 平方米用 98%～100%棉隆微粒剂,在砂壤土上用药 5～6 千克,黏壤土用药 6～7 千克与 50 千克细土混匀,撒施或沟施深度 20 厘米。施药后立即覆土,有条件的可浇水封闭或覆盖塑料薄膜,以土温 12℃～18℃、土壤含水量 40%以上为最宜。当 10 厘米土温为 15℃和 20℃,分别封闭 15 天和 10 天后松土通气,然后播种、栽苗。或每 667 平方米用 3%氯唑磷颗粒剂 4～6 千克混拌干细土 50 千克,均匀撒在地表后深耙 20 厘米,或撒在定植穴内,浅覆土后再定植。也可在播种或定植时每 667 平方米穴施 10%力满库颗粒剂 5 千克,均有良好的防治效果。在生长期间,如棚室局部受害,可在发病期间用 40%甲基异柳磷乳剂 200～300 倍液,或 50%辛硫磷乳油 1 500 倍液,或 80%敌敌畏乳油 1 000 倍液,或 90%敌百虫晶体 800 倍液灌根,每株灌药液 0.25～0.5 千克,一般灌 1～2 次,具有良好防治效果。另外,定植前灌溉液态氨,也有较好的防治效果。

12. 黄瓜花打顶

黄瓜花打顶属生理性病害,在冬季、早春苗床或日光温室、大棚生产中经常发生,造成一定的产量损失和延迟结瓜期。

【危害症状】 该生理病害常使瓜秧生长停滞,生长点附近的节间缩短,小叶片密集,龙头紧缩,各叶腋出现小瓜扭而造成封顶。

【病 原】 因低温、干旱缺水、苗龄过长或控苗过度所致。

【发病规律】 土温和气温低,黄瓜根系发育不良,光合作用产物少;夜间温度低于10℃,不能向新生部位及时输送营养物质,使生殖生长超过营养生长。此外,育苗时土壤养分不足,移栽或中耕时伤根,苗期和定植后土壤干旱,施肥过量引起烧根,也可诱发本病。

【防治方法】 ①苗床管理切忌温度过低,苗龄过长,控苗过度。定植后夜间加盖小拱棚保温,适时适量浇水,不可控水过度。②对发病植株可以适量摘掉聚生花和幼瓜,并提高棚室温度,适量浇水,喷洒喷施宝12 000倍液,促使其生长。

13. 黄瓜畸形瓜和苦味瓜

黄瓜畸形瓜和苦味瓜严重影响品质和商品性,因而降低产值。

【危害症状】 该病致使瓜条畸形,最常见的为弯曲瓜、尖嘴瓜、大肚子瓜和细腰瓜。

【病　原】 生理性病害。

【发病规律】

(1)弯曲瓜 营养不足,使瓜条向一侧弯曲,呈"C"字形。如土壤缺水、缺肥,植株过密、光照不足,气温较低,使叶片光合作用产物下降,不能正常输入果实,黄瓜将发育不良。瓜条下部搭在茎蔓与架材交接处不能下垂,也可形成机械性弯瓜。

(2)细条瓜 如管理不当,植株营养和水分供应时好时坏,瓜条积累的同化物不均匀,致使瓜形呈细腰蜂状。土壤缺硼也是病因之一。

(3)尖嘴瓜 黄瓜未经授粉单性结实,再遇到植株长势弱、环境条件不良,使植株光合作用降低所致。

(4)大肚子瓜 当雌花授粉不充分,授粉的先端先膨大,营养不足或水分不均匀时易出现。

(5)苦味瓜 黄瓜出现苦味是由于苦味素 $C_{10}H_{28}O_5$ 过量积累

所致。黄瓜对氮、磷、钾的吸收比例基本为5∶2∶6,如氮肥施用过量,磷、钾肥不足,易出现苦味瓜,也可造成植株徒长、坐瓜不齐或畸形,或在侧枝上出现苦味瓜。此外,温度低于13℃,使养分和水分吸收受阻,瓜条也会出现苦味和变形。棚室温度高于30℃且持续时间过长,导致光合作用下降,营养损耗过多或失调均会出现苦味瓜。此外,苦味有遗传性,一般叶色深绿的品种苦味多。

【防治方法】　①及时摘除无商品价值的畸形瓜。②调控棚室环境条件,使夜间气温高于13℃,白天最高气温不要持续在30℃以上,防止空气相对湿度过高或过低;采用无滴棚膜,清除棚膜上尘土,增加透光率。③加强水肥管理。增施腐熟基肥,使用配方施肥技术,或氮、磷、钾按5∶2∶6比例施用。结瓜盛期浇水与追肥密切结合,还要进行叶面追肥,可喷施0.3%磷酸二氢钾。此外,应考虑到品种特性,如雌性系品种每节有瓜,水肥充足时才能避免畸形瓜而获高产。

14. 黄瓜氨气毒害

该病保护地黄瓜栽培时有发生,严重时成片死秧,造成减产。

【危害症状】　植株叶片通常由下向上显症,初期呈水渍状,渐变黄白色或淡褐色,叶片灼伤或叶片呈青枯状枯干,严重时全株死亡。

【病　原】　生理性病害。

【发病规律】　施用过量的固体尿素、碳酸铵、硫酸铵等化肥,使多余的氮素直接转化为氨气;或大量施用未腐熟的厩肥、人粪尿、鸡粪等,在土壤分解过程中产生大量氨气而致此病。当氨气在空气中的浓度达到0.1%~0.8%时,即从叶片的气孔、水孔侵入,引起叶片组织损伤甚至死亡。

【防治方法】　①有机肥需充分腐熟,防止有害气体挥发。②按适当比例施用氮、磷、钾化肥。③及时覆土和浇水,注意通风通气。

15. 黄瓜低温障碍

冬季和早春保护地黄瓜易发生冻害和寒害,即为低温障碍,造成不同程度损失。

【危害症状】 黄瓜遇到低温遭冻害,叶片多呈白色或青枯,严重时生长点冻死或植株呈水渍状,而后干枯死亡。轻微受冻时,往往花芽不分化或不生根,部分老根发黄,植株生长停滞,叶色变黄,生长点不发新叶,老叶边缘上卷,并形成病斑;严重时全叶枯干。

【病　原】 生理性病害。

【发病规律】 黄瓜是喜温作物,耐寒力弱。当棚室温度持续几天低于 3℃～5℃ 时,黄瓜正常的生理功能即出现障碍。冻害往往是由灾害性天气引起的,如受寒流侵袭、突然降温或发生暴风雪等,使室温和土温持续偏低,植株细胞水外渗。由于细胞间水分增加,使植株呈水渍状,组织坏死而干枯死亡。棚室保温不好,通风时间长或通风量过大,黄瓜也可受冻害或寒害。

【防治方法】 ①冬春茬栽培要选择高效节能型日光温室。温室前部设防寒沟,后坡顶多层覆盖,后墙外培土防寒。棚室内设天幕,扣小拱棚和覆盖地膜等均可提高温度。②选用耐低温品种和进行嫁接栽培。日光温室深冬和早春栽培可选用中农 11 号、13号、5 号,保丰,津春 3 号,新泰密刺等。黄瓜嫁接比自根苗抗低温能力强。③培育壮苗,促进根系发育。定植前进行低温炼苗,提高瓜苗的抗逆性。④采取临时加温措施。在灾害性天气到来时用液化气或电加温,也可用煤或木柴加温。遇低温时要严格控制浇水。黄瓜受冻后需缓慢升温,使其生理功能慢慢恢复。

16. 黄瓜蔓徒长

【危害症状】 叶片大,节间长,茎较粗,叶色淡,侧枝长得早,摘心后出现小蔓。蔓上雌花弱,子房小,果实和叶片大小不相称,化瓜现象严重。植株长势过旺,产量低。

【病　　原】　生理性病害。

【发病规律】　氮肥施得过多,水分足而光照不足,温度偏高,特别是夜温高,昼夜温差小,营养生长过旺,均可导致黄瓜蔓徒长。

【防治方法】　①合理施用氮肥、控制浇水以抑制植株对肥料的吸收。②加强通风,降低夜间温度,增大昼夜温差。③控制长势,适当延迟采收。对生长过旺的植株实行摘心或采用龙头向下弯曲等方法,以控制植株长势。

17. 黄瓜降落伞状叶

【危害症状】　初期在生长点附近的新叶叶尖黄化,然后叶片叶缘黄化,黄化部分逐渐枯萎;叶片中央部分凸起,而周围下卷呈降落伞状。症状轻时,叶生长发育基本正常,但严重时可封顶。中位叶症状明显。

【病　　原】　生理性病害。

【发病规律】　当蒸发作用受到抑制,生长点和叶缘则出现缺钙症状;在连阴雨天,白天关闭棚窗,造成闷热而换气不足时,植株蒸发作用受到抑制易发生此病害。

【防治方法】　①改善根际条件,促进根系发育。②注意及时通风换气,以保证充分的蒸发量。③生长初期土壤水分要适宜。症状严重时,叶面喷钙和控制氮肥用量。

18. 黄瓜急性萎蔫症

【危害症状】　收获初期至盛期,植株一直生长发育健壮。晴天中午,叶片出现急剧萎蔫症状,傍晚不恢复原状。剖开茎导管,末见变黄褐色。

【病　　原】　生理性病害。

【发病规律】 由于连续阴天,不揭草帘,作物不能进行光合作用,使植株处于饥饿状态;加上土温低,根系活动也很弱。一旦晴天,室温突然升高,空气相对湿度降低,叶片水分蒸腾快,根系吸收水分功能弱,地下部分向上输送水分少,叶片就会出现暂时萎蔫。

【防治方法】 ①连续多日阴天,一旦晴天光照很足时,不要一下子全部揭开草帘,最好是揭开后发现萎蔫再覆盖,叶片恢复后再揭开。为了管理方便,也可以先揭一部分,而后逐渐全部揭开。②叶片萎蔫比较严重时,可用喷雾器向叶片上喷清水,防止叶片过度萎蔫而受害。

19. 西葫芦病毒病

西葫芦病毒病又叫花叶病,全国各地普遍发生。该病对北方春夏季露地栽培西葫芦的产量、品质和商品性影响很大。该病还危害黄瓜、南瓜、笋瓜、西瓜、甜瓜、冬瓜、丝瓜等葫芦科作物。

【危害症状】 西葫芦自幼苗至成株均能发病,主要表现在叶片和果实上。植株上部叶片出现明脉及褪绿斑点,后整个叶片呈现花叶。重病株上部叶片畸形,缺刻加深,呈鸡爪状,植株矮化,叶片变小,致后期叶片黄枯或死亡。花冠扭曲、畸形,结瓜少或不结瓜,病瓜小,瓜面出现花斑或有瘤状突起(图6-4)。

【病　原】 由黄瓜花叶病毒和甜瓜花叶病毒等多种病毒单独或复合侵染引起。

【发病规律】

(1)传播方式 西葫芦病毒病的毒原寄主范围很广,可在宿根性杂草、菠菜、芹菜等寄主上越冬,也可在棚室内的瓜类、番茄、辣椒上危害和越冬。黄瓜花叶病毒和甜瓜花叶病毒均可由棉蚜、瓜蚜、桃蚜等介体或汁液接触传染。西葫芦病毒病在田间可通过蚜虫和田间操作传播。此外,甜瓜花叶病毒还可通过带毒的种子传播。

图 6-4　西葫芦病毒病

1. 病叶　2. 病果

(2)发病条件　西葫芦病毒病的发生和流行,与小气候条件和瓜蚜的发生动态有密切关系。高温干旱、日照过强,不仅有利于瓜蚜繁殖和有翅蚜迁飞传毒,而且有利于病毒的增殖,同时还可降低植株的抗病性。此外,播种或定植晚,定植后管理粗放,缺肥、缺水,大棚外杂草丛生,瓜类等蔬菜连作,发病重。

【防治方法】

(1)选用抗病、耐病品种和实行种子消毒　选用抗病品种,并用 10％磷酸三钠溶液浸种 20 分钟后,用清水冲洗干净;或对种子进行 70℃干热处理 3 天,不仅对防病毒病有效,还能杀死其他病原菌。也可以用 55℃温水浸种 15 分钟。

(2)培育壮苗,适期早定植　保证苗床育苗时的适宜温、湿度,防止幼苗徒长,培育壮苗;适期早定植的发病轻。

(3)加强田间管理　施足基肥,增施磷、钾肥。苗期少浇水,勤中耕,促进发根,早缓苗,以提高植株抗病性。适时追肥,采瓜期结合浇水施肥,防止植株早衰。发现病株及时拔除,及早防治蚜虫,及时清洁田园,铲除杂草,可减轻发病。

(4)药剂防治　发病初期选喷 20％盐酸吗啉胍·铜可湿性粉剂 500 倍液,1.5％植病灵 1 000 倍液,83 增抗剂 100 倍液,菇类蛋白多糖250～300倍液,每隔10天左右喷1次,连续喷2～3次。

20. 西葫芦白粉病

西葫芦白粉病各地普遍发生。该病在西葫芦全生育期均可发生,以西葫芦生长的中、后期发生严重,是西葫芦的主要病害之一。该病除危害西葫芦外,还危害黄瓜、南瓜、甜瓜、冬瓜、西瓜和丝瓜等多种葫芦科作物。

【危害症状】 主要侵害叶片,也危害茎及叶柄,果实很少受害。发病初期,叶片正面或背面及幼茎上产生白色近圆形的小粉斑,小粉斑向四周扩展,形成边缘不明显的连片白粉斑,严重时整个叶片布满白粉,造成病叶变脆、老化。发病后期,病斑上生出成堆的黄褐色小粒点,紧接着小粒点逐渐变黑,这种小粒点即为病原菌的闭囊壳。

【病 原】 单丝壳白粉菌及瓜类单丝壳菌,属子囊菌亚门真菌。

【发病规律】

(1)传播方式 白粉病菌以闭囊壳随病残体在土表或在大棚温室的瓜类作物上危害越冬。当环境条件适宜时,病菌随气流传播,从寄主表皮侵入。寄主发病后,在病部产生大量的分生孢子,引起重复侵染。

(2)发病条件 白粉病在10℃～25℃均可发生。病菌分生孢子萌发适温为16℃～20℃,在湿度低时也可萌发,湿度高其萌发率明显提高。白粉病能否流行,取决于湿度和寄主的长势。因此,田间湿度大,流行速度加快。较高的湿度有利于孢子萌发和侵入,高温干燥有利于分生孢子的繁殖和病情扩展。高温干旱与高湿条件交替出现,通风不良、闷热或湿度忽高忽低时,病害发展快。

【防治方法】

(1)选用抗病品种 不同品种对白粉病的抗病性有差异,应因地制宜地选用抗病品种。

(2)加强田间管理　棚室内的管理主要是注意通风透光,降低湿度,保持适宜的温度。棚室浇水宜在晴天上午进行,做到阴天不浇水,晴天多通风。

(3)棚室消毒　大棚、温室在定植前 2～3 天用硫黄粉或百菌清烟雾剂熏蒸消毒。每 100 立方米棚室,用硫黄粉 250 克与 500克锯末混匀,分别装入小塑料袋或盛在小花盆里,分放室内几处,于傍晚密闭棚室,用暗火点燃熏 1 夜。此外,每 667 平方米用 45%百菌清烟剂 250 克分放在棚室内 4～5 处,于傍晚点烟熏蒸。

(4)药剂防治　在发病前或发病初期,采用 27%高脂膜乳剂80～100 倍液喷布叶片,在叶面上形成一层薄膜,以阻止病菌侵入,同时可造成缺氧条件使白粉菌死亡。一般每隔 6～7 天喷 1次,连续喷 2～3 次。在发病初期,也可用 15%三唑酮可湿性粉剂1 500 倍液,或 20%三唑酮乳油 1 500～2 000 倍液,或 30%氟菌唑可湿性粉剂 1 500～2 000 倍液,或 40%多硫胶悬剂 500～600 倍液喷雾,每隔 7～10 天喷 1 次,连喷 3～4 次。或选用 2%BO-10、2%抗霉菌素(农抗 120)水剂 200 倍液,隔 6～7 天再喷 1 次,防治效果可达 90%以上。或在发病初期用浓度为 0.2%的小苏打喷洒,也有较好的效果。喷药的技术要点是早预防,午前防,喷洒周到,大水量。

21. 西葫芦灰霉病

【危害症状】　西葫芦灰霉病可危害西葫芦的花、幼果、叶、茎或较大的果实。花和幼果的蒂部初为水渍状,逐渐软化,表面密生灰霉或灰绿色的霉层,导致果实萎缩、腐烂,病部有时长出黑色菌核。幼苗发病,造成死苗。

【病　　原】　灰葡萄孢,属半知菌亚门真菌。

【发病规律】

(1)传播方式　病菌主要以菌核或菌丝体在土壤中越冬。分生孢子在病残体上可存活4～5个月,成为初侵染源。

(2)发病条件　西葫芦灰霉病在低温高湿、空气相对湿度高于94%、寄主衰弱的条件下易发生。

【防治方法】

(1)生态防治　棚室栽培要采用高畦覆膜栽培和膜下暗灌或滴灌浇水技术,生长前期及发病后,适当控制浇水,适时适量通风,适当晚通风,棚温提高至33℃则病菌不产孢。降低棚室湿度,减少棚室滴水和叶面结露及叶缘吐水,以控制病情发展。

(2)农业防治　施足基肥,增施有机肥和磷、钾肥,及时追肥,合理密植;发病初期,及时摘除病花、病果、病叶及底部老叶,带出棚室外深埋或烧毁;加强通风换气,适量浇水,切忌在阴天浇水,防止湿度过高,注意保温,防止寒流袭击。

(3)药剂防治　棚室发病初期,采用烟雾法或粉尘法加以防治。烟雾法:每667平方米用10%腐霉利烟剂200～250克或45%百菌清烟剂250克熏3～4小时。粉尘法:每667平方米于傍晚喷撒10%灭克粉尘剂或5%百菌清粉尘剂或10%杀霉灵粉尘剂1千克,隔9～11天喷1次,连续或与其他防治方法交替使用2～3次。也可在发病初期喷洒50%腐霉利可湿性粉剂2 000倍液,或50%异菌脲可湿性粉剂1 000～1 500倍液,或65%硫菌·霉威可湿性粉剂1 000～1 500倍液,或50%甲基硫菌灵可湿性粉剂500倍液,或50%乙烯菌核利可湿性粉剂1 000倍液。药剂预防效果好于治疗效果。发病后用药,应适当加大用药量,几种药剂交替或复配使用。

第二节 虫 害

1. 瓜 蚜

瓜蚜,别名称棉蚜、腻虫、蜜虫等。全国各地均有发生。一般北方比南方发生严重,在干旱年份南方也可造成危害。瓜蚜寄主植物达 74 科 258 种。主要为害温室大棚和露地黄瓜、南瓜、冬瓜、西葫芦、西瓜、甜瓜以及茄科、豆科、菊科、十字花科等蔬菜。

成蚜和若蚜群集在叶背、嫩茎和嫩尖吸食汁液,分泌蜜露,使叶片卷缩、瓜苗生长停滞,致使叶片干枯以至整株死亡,还能传播病毒病。

【形态特征】

(1)有翅孤雌蚜 体长 1.2~1.9 毫米,体色有黄色、浅绿色或深绿色。

(2)无翅孤雌蚜 体长 1.5~1.9 毫米,卵圆形。体色夏季多为黄色、黄绿色,春、秋季深绿色或蓝黑色,全身微覆蜡粉。

(3)若蚜 无翅孤雌若蚜共 4 龄,末龄若蚜体长 1.63 毫米、宽 0.89 毫米。夏季体黄色或黄绿色,春、秋季蓝灰黑色,复眼红色。有翅若蚜 4 龄,第三龄出现翅芽 2 对,翅芽后半部为灰黄色。

(4)卵 长椭圆形,长 0.5~0.7 毫米。初产时黄绿色,后变成深黑色,有光泽(图 6-5)。

【发生特点与生活习性】 1 年发生 20~30 代。在长江流域以北地区,以卵在花椒、木槿、石榴、鼠李的枝条和枯草的基部越冬,冬季在温室内可继续繁殖。翌年 2~3 月份当 5 天平均气温达 6℃时,越冬卵孵化为"干母",气温达 12℃时开始胎生"干雌"。在越冬植物上繁殖 2~3 代后产生有翅蚜,于 4~5 月份迁飞到瓜田,由点至片,逐渐扩散到全田为害。到秋末冬初天气转冷时,又变成

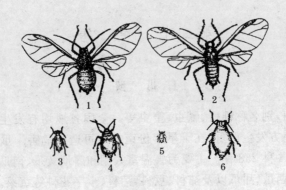

图 6-5 瓜 蚜

1. 有翅胎生雌蚜　2. 雄蚜　3. 有翅若蚜

4. 无翅胎生雌蚜　5. 无翅若蚜　6. 产卵雌蚜

有翅蚜,迁回到越冬寄主上,产生两性蚜交尾、产卵过冬。北方冬季温室是春季大棚和露地黄瓜的重要蚜源。在广西、四川、云南等地可全年发生。瓜蚜发育快、繁殖力强,春、秋季 10 余天完成 1 代,夏季 4～5 天完成 1 代,无翅胎生雌蚜的繁殖期约 10 天,每雌产若蚜 60～70 头。当营养条件恶化时,产生大量有翅蚜并扩散转移。繁殖的适温为 16℃～22℃,夏季高温多雨加之天敌控制作用较强,使其数量明显下降,为害减轻。一般在干旱年份、邻近虫源和窝风地块以及温室、大棚为害严重。有翅蚜对黄色有趋性,银灰色对其有忌避作用。

【防治方法】

(1)农业防治　清除菜田附近的杂草,温室苗房培育无虫苗,做好冬春保护地瓜蚜防治工作。

(2)物理防治　利用瓜蚜对银灰色有忌避性的特点,采用银灰色薄膜覆盖,可达到避蚜防病的目的;利用瓜蚜的趋黄性,于瓜蚜迁飞期在温室或田间设置黄色诱虫板。

(3)药剂防治　消灭瓜蚜于初发阶段。可采用两种方法进行防治：一是烟雾法。每 667 平方米用 22％敌敌畏烟剂 0.5 千克，于傍晚收工前将保护地密闭熏烟，省工高效。或每 667 平方米用 80％敌敌畏乳油 0.3～0.4 千克洒在盛锯末的几个花盆内，用烧红的煤球点燃熏烟。二是喷雾法。选用 20％复方浏阳霉素乳油 1 000 倍液，30％乙酰甲胺磷乳油 1 000 倍液，25％隆硫磷乳油或 50％灭螟松乳油各 1 000～1 500 倍液喷雾。也可选用菊酯类杀虫剂，如 2.5％联苯菊酯乳油、2.5％三氟菊酯（功夫）乳油、20％甲氰菊酯乳油或 20％氰戊菊酯乳油各 3 000～4 000 倍液，或混配杀虫剂如 40％菊·杀乳油、40％菊·马乳油各 2 000～3 000 倍液，或 21％增效氰·马乳油 5 000～6 000 倍液。上述杀虫剂不可单一长期使用，提倡几种农药轮换使用。对于抗性瓜蚜，可喷洒 10％吡虫啉可湿性粉剂 2 000～3 000 倍液，或 2.5％鱼藤酮乳油 600～800 倍液，重点是喷叶片背面和嫩头。

2. 温室白粉虱

温室白粉虱俗名小白蛾，属同翅目粉虱科。国内 22 个省（自治区、直辖市）已有该虫发生与分布，但危害区主要在北方，北京、黑龙江、河北、新疆等地尤为严重。

白粉虱食性极杂，主要为害温室、大棚和露地的瓜类、茄果类、豆类等蔬菜。其成虫和若虫群集于叶背，刺吸汁液，被害叶片褪绿、变黄，植株生长势衰弱、萎蔫，甚至全株枯死。由于温室白粉虱成虫和若虫还能分泌大量蜜露，堆积在叶片和果实上而引起煤污病，严重地降低了果实的商品价值和食用价值；同时，蜜露阻塞叶片气孔，严重地影响蔬菜光合作用而导致减产。

【形态特征】

（1）成虫 雌虫体长 1～1.5 毫米，雄虫略小。复眼赤红色。触角丝状、白色，共 7 节。末端有一粗针状刚毛。虫体和翅覆盖白色蜡粉，前后翅的翅脉简单。

(2)若虫　1龄若虫体长0.29毫米,扁椭圆形。触角位于复眼的前下方,有3对足,可以自由爬行。最末端有2根尾毛。2龄若虫体长0.38毫米,淡绿色,透明,体较薄,贴在叶背上为害。触角及足退化。3龄若虫身体显著增大,体长0.52毫米,身体逐渐变厚,中央稍隆起,淡绿色,不透明,体表覆盖一层蜡质。身体四周有白色透明的短丝状物。伪蛹的体形与3龄若虫相似,体长0.7~0.82毫米,并进一步增厚,淡绿色,不透明,体背覆有蜡粉,并有5~8对较长的蜡丝。

(3)卵　长0.22~0.26毫米,长椭圆形,有卵柄。初产时淡绿色,微覆蜡粉,孵化前变成黑色,微具光泽(图6-6)。

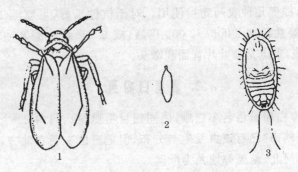

图6-6　白粉虱

1.成虫　2.卵　3.若虫

【生活习性】　在北方温室、塑料大棚内,1年可发生10余代,世代重叠现象严重。冬季在室外不能存活,以各虫态在温室继续繁殖为害,无滞育或休眠现象。成虫既可进行有性生殖,又可进行孤雌生殖。温室白粉虱繁殖的最适温度为18℃~21℃。每头雌成虫可产卵324粒左右,多将卵散产于嫩叶背面,有时排列成弧形。成虫在嫩叶背面为害。在温室生产条件下,约1个月完成1代。成虫有趋嫩性,随着植物的生长不断追逐顶部嫩叶产卵。植株上各虫态的分布形成一定规律。最上部的嫩叶以成虫和初产的淡黄色卵为多,稍下部的叶片多为初龄若虫,再下为中、老龄若虫,最下部叶以蛹为最多。因温室白粉虱冬季只能在温室植株上继续繁殖,所以露地春季虫源均来自于温室,通过温室开窗通风或菜苗移植而使温室白粉虱迁入露地。温室白粉虱的种群数量,由春至秋逐步发展达到高峰,集中为害瓜类、豆类和茄果类蔬菜。成虫对黄色有较强的趋性,但忌避白色、银灰色。

【防治方法】

(1)农业防治 ①温室秋冬茬栽植白粉虱不喜食的芹菜、油菜、蒜黄等耐低温蔬菜,可免受为害并节省能源。②根除虫源基地,冬季苗房要清除残株杂草、熏杀残余成虫,培育无虫苗,定植到清洁的生产温室。③结合整枝打杈,摘除带虫叶携出田外处理。温室、大棚内的蔬菜避免混栽。

(2)物理防治 在白粉虱发生初期,将黄板涂机油后置于保护地内,高出植株,以诱杀成虫。

(3)生物防治 保护地番茄上白粉虱成虫在 0.5~1 头/株时,释放丽蚜小蜂黑蛹 3~5 头/株,每隔 10 天左右放 1 次,共放蜂3~4 次,寄生率可达 75% 以上,控制白粉虱成虫效果良好。

(4)药剂防治 由于温室白粉虱世代重叠,在同一时间同一蔬菜植株上存在各种虫态。目前尚无对所有虫态皆有效的药剂,故化学药剂防治,必须连续几次用药才能控制住。①烟雾法。每 667平方米用 22% 敌敌畏烟剂 0.5 千克,于傍晚收工前将保护地密闭熏烟,可杀灭成虫。或在花盆内装入锯末,洒上 80% 敌敌畏乳油0.3~0.4 千克/667 平方米,放上几块烧红的煤球即可。②喷雾法。用 25% 噻嗪酮可湿性粉剂 2 500 倍液,或 25% 甲基克杀螨乳油 1 000 倍液,或 25% 溴氰菊酯 3 000 倍液,或 40% 乐果乳油、80% 敌敌畏乳油、50% 二嗪农乳油等 1 000 倍液喷雾。这些药剂对成虫、若虫有效,可每隔 5~7 天喷药 1 次,连续喷 3~4 次,可控制白粉虱为害。

3. 黄守瓜

　　黄守瓜俗称瓜守、黄萤、黄虫。属鞘翅目叶甲科。该虫在全国广泛分布,是瓜类苗期的主要害虫。它食性较杂,主要为害葫芦科蔬菜幼苗,也可为害十字花科、豆科、茄科等蔬菜。成虫咬食叶片呈环形或半环形缺刻,咬食嫩茎造成死苗。此外,也为害花及幼瓜。幼虫在土中咬食根茎,常使瓜秧萎蔫死亡,也可蛀食贴地生长的瓜果。

　　【形态特征】

　　(1)成虫　体长约9毫米,长椭圆形,体黄色,仅中、后胸及腹部腹面为黑色。前胸背板有一波浪形凹沟。

　　(2)卵　卵圆形,长约1毫米,黄色,表面有多角形网纹。

　　(3)幼虫　体长约12毫米,头黄褐色、体黄白色。尾端臀板腹面有肉质突起。

　　(4)蛹　长9毫米,裸蛹,黄白色(图6-7)。

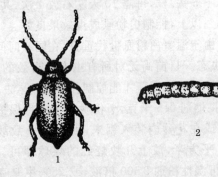

图6-7　黄守瓜
1. 成虫　2. 幼虫

【生活习性】　华北及长江流域多为 1 年发生 1 代,部分 1 年发生 2 代;华南 1 年发生 3 代。以成虫在避风向阳的杂草、落叶及土缝间潜伏越冬。翌年春当土温达 10℃ 时,由潜伏处出来活动,先在杂草及其他作物上取食,再迁移到瓜地为害瓜苗。在 1 代区越冬成虫 5～8 月份产卵,6～8 月份为幼虫为害期,其中 7 月份为害最甚,8 月份成虫羽化后为害秋季瓜菜,10～11 月份逐渐进入越冬场所。在两代区第一代成虫于 7 月上旬羽化,7 月份可见第二代卵和幼虫,成虫 10 月份开始越冬。成虫喜在湿润表土中产卵,卵散产或成堆,每雌虫可产卵 4～7 次,每次约 30 粒。卵期 10～14 天,初孵幼虫即潜土为害细根,3 龄以后食害主根。幼虫期 19～38 天,老熟幼虫在根际附近筑土室化蛹。成虫行动活泼,遇惊即飞,有假死性,但不易捕捉。黄守瓜喜温好湿,成虫耐热性强、抗寒力差,故在南方发生较重。

【防治方法】

(1)实行合理间作　瓜类与甘蓝、芹菜及莴苣等间作可明显减轻受害。

(2)防止成虫产卵　可采用地膜栽培或在瓜苗周围土面撒草木灰、糠秕、锯末等,防止成虫产卵。

(3)药剂防治　消灭越冬成虫于中间寄主上,对减轻瓜苗受害有重要作用。瓜苗移栽前后到 5 片真叶前,消灭成虫和灌根杀灭幼虫是保苗的关键。苗期防治成虫可选用 80% 敌百虫可溶性粉剂或 80% 敌敌畏乳油各 1 000 倍液,50% 辛硫磷乳油 2 500 倍液,50% 马拉松乳油、2.5% 溴氰菊酯乳油或 10% 氯氰菊酯乳油 1 500～3 000 倍液喷洒。还可用辛硫磷、敌敌畏和敌百虫液灌根消灭幼虫。

4. 瓜绢螟

瓜绢螟又称瓜绢野螟、瓜螟,属鳞翅目螟蛾科。主要分布于华东、华中、华南、西南各地及台湾省。幼虫为害黄瓜、甜瓜、丝瓜、苦瓜、冬瓜、节瓜以及茄子、番茄、马铃薯等。幼虫食叶,吐丝卷叶,严重时仅存叶脉,还能啃食瓜果,甚至蛀入果实和茎部。

【形态特征】

(1)成虫 体长 11 毫米,前后翅半透明、闪金属紫光,前翅前缘和外缘、后翅外缘有 1 条淡黑褐色带;足白色,腹部末端具黄褐色毛丛。

(2)卵 扁平椭圆形,淡黄色,表面有网状纹。

(3)幼虫 老熟时体长 26 毫米,头部、前胸背板淡褐色,胸、腹部草绿色。亚背线粗,白色,气门黑色。各体节有瘤状突,长有短毛。

(4)蛹 体长约 14 毫米,深褐色,外被薄茧(图 6-8)。

图 6-8 瓜绢螟
1. 成虫 2. 幼虫

【生活习性】 长江以南 1 年发生 4～6 代,以老熟幼虫和蛹在寄主枯卷叶中或瓜架竹竿内越冬。在杭州地区 5～11 月份发生,8～9 月份为发生为害高峰期,以 2～4 代幼虫为害冬瓜、丝瓜、秋黄瓜。在广州地区 4～12 月份均可发生,8～9 月份为害夏植节瓜最重。成虫昼伏夜出,趋光性强。卵主要产在叶背,散产或 20 粒左右聚集在一起,各代雌蛾平均产卵量为 170～250 粒。卵期平均为 4.6 天,幼虫期平均为 11.7 天,共 5 龄。初孵幼虫有群集性,在叶背取食叶肉,被害叶片呈现灰白色斑块,遇惊即吐丝下垂转他处为害。3龄后吐丝将叶片左右缀合,匿居性强,食量占幼虫期食量的95％。顶节内、瓜架、草索之上做白色薄茧化蛹,蛹期一般为4～8天。

【防治方法】

(1)清洁田园　瓜果采收后,将枯藤落叶收集沤埋或烧毁,以减少越冬虫口基数。

(2)人工摘除　幼虫发生期可人工摘除卷叶,集中处理,以减少田间虫口。

(3)实施药剂防治　应掌握在1～3龄幼虫期施药。如虫龄发育较整齐,可用25％杀虫双水剂500倍液,或50％辛硫磷乳油、50％马拉硫磷乳油各1000倍液喷雾。如虫龄发育不整齐,每667平方米可选用20％氰戊菊酯乳油或25％菊·乐合剂乳油2000倍液,或25％喹硫磷乳油60～80毫升对水50～60升喷雾。应交替使用不同药剂,以延缓抗药性产生。

思考题

1. 黄瓜主要有哪些病虫害? 如何防治?
2. 如何防治黄瓜枯萎病?
3. 如何防治黄瓜根结线虫病?
4. 如何防治温室白粉虱?

第七章　豆科蔬菜病虫害

第一节　病　　害

1. 菜豆锈病

【危害症状】　主要危害叶片。发病初期在叶片上产生稍突起的黄白色小斑点,后表皮破裂,散出红褐色粉末,即为病菌的夏孢子。夏孢子堆通常着生在叶片背面,周围有黄晕,在叶面上有褪绿斑点。严重时也可在叶正面发生。发病后期,病部产生黑褐色冬孢子堆。

【病　　原】　疣顶单孢锈菌,属担子菌亚门真菌。

【发病规律】

(1)传播方式　病菌以冬孢子在病残体上越冬,或以菌丝体及夏孢子在棚室内的菜豆上危害越冬。条件适宜时,冬孢子萌发产生菌丝和担孢子。担孢子靠气流传播到叶片上,萌发后侵入寄主。叶片发病后,产生夏孢子进行重复侵染。在整个生长期,都是由夏孢子在田间进行传播,造成锈病的不断扩展蔓延和流行。

(2)发病条件　温暖和高湿是导致病害流行的主要因素。发病的适宜温度为15℃～24℃,空气相对湿度在95%以上,寄主表面的水滴是锈病病菌萌发和侵入的必要条件。因此,棚室湿度大或叶面结露最容易发病。菜地积水,浇水过多,过于密植,通风透光差等,造成棚室内湿度大,发病严重。

【防治方法】

(1)选用抗病品种　应选栽矮生菜豆,因其比蔓生的菜豆抗病。

(2)加强栽培管理　合理密植,注意通风降湿度。收获后清除病残体并烧毁,以减少传染源。

(3)药剂防治　发病初期及时喷药防治,可选用20％三唑酮乳油1 500倍液,70％甲基硫菌灵可湿性粉剂1 000倍液,50％多菌灵可湿性粉剂600倍液,12％松脂酸铜800倍液等,每隔7～10天喷1次,连续喷3次。

2. 菜豆炭疽病

菜豆炭疽病是菜豆栽培中最常见的病害。该病分布广,尤其在温凉多雨地区危害重,菜豆受害后不仅产量损失大,而且影响菜豆的品质和商品性。此外,该病还危害绿豆、蚕豆、扁豆和豌豆等豆科作物。

【危害症状】　幼苗发病时,子叶出现红褐色近圆形病斑,幼茎最初生成许多锈色小斑点;茎伸长后,病斑扩大变成短条锈斑,常使幼苗折断枯死。在叶片上,病斑沿叶脉开始,呈黑色或黑褐色多角形网状斑。茎上病斑初为褐色,后稍凹陷,发生龟裂。在豆荚上初现褐色小点,扩大后呈圆形或近圆形,边缘隆起,中央稍凹陷,四周常具有红褐色或紫色晕环。种子上病斑呈不规则形,黄褐色至深褐色。湿度大时,病部溢出粉红色黏稠状物。

【病　　原】　由豆刺盘孢菌侵染引起的真菌病害,属半知菌亚门真菌。

【发病规律】

(1)传播方式　炭疽病菌主要以菌丝体潜伏在种皮下越冬。菌丝体越冬后发育产生分生孢子盘和分生孢子。播种带菌的种子可直接侵染发病。在土壤中病株残体上的病原菌借助风雨传播,接触植株后,经伤口或表皮直接侵入植株体内,引起发病。当豆荚采收后,在贮运期还会继续发病。

(2)发病条件　田间炭疽病发病的最适温度为20℃左右,最适湿度为 95％ 以上。因此,温凉多湿的环境条件有利于病害发生,在低温、多雨、结露、重雾的气候条件下发病较重。此外,地势低洼、土质黏重、连年重茬、矮生品种、密度过大等条件,均不利于植株的生长发育,容易诱发病害。

【防治方法】

(1)选用无病种子,实行种子处理　从无病荚上采种,并对种子进行粒选。播种前进行种子处理。可用福尔马林 200 倍液浸种 30 分钟,然后用清水洗净晾干再播种;也可用相当于种子重量 0.4％ 的 50％ 多菌灵可湿性粉剂或 50％ 福美双可湿性粉剂拌种后播种。

(2)加强田间管理　与非豆科植物实行 2～3 年的轮作;棚室加强通风,降低湿度,增强光照,适时采收,收获后深翻土地,将残体翻入土中。

(3)药剂防治　开花后,发病初期开始喷药,使用的药剂有 70％ 甲基硫菌灵可湿性粉剂 1 000 倍液、75％ 百菌清可湿性粉剂 800 倍液、50％ 多菌灵可湿性粉剂 600 倍液、70％ 代森锰锌可湿性粉剂 700 倍液、80％ 代森锰锌可湿性粉剂 800 倍液等,结荚期喷药 1～2 次,每次间隔 7～10 天。

3. 菜豆根腐病

该病是菜豆常见病害之一,各地均有发生。以黏重、低洼田和多年重茬地发病严重,成片死秧,造成减产。此病除危害菜豆外,在豇豆和豌豆上也有发生。

【危害症状】　植株的主根和地表以下的茎是受害的主要部位。开始出现红褐色斑块,边缘不明显,逐渐变成暗褐色至黑褐色,凹陷或开裂。至开花结荚期,地上部才有明显症状,叶片由下向上逐渐变黄、枯萎,一般叶片不脱落。病株主根受害腐烂,不生侧根,植株矮小,严重时茎、叶枯萎死亡。在潮湿条件下,病株茎基部长有粉红色霉状物。

【病　原】　由菜豆腐皮镰孢菌侵染所致的一种土传真菌病害。

【发病规律】

(1)传播方式　病菌主要以菌丝体和厚垣孢子在土壤里越冬，腐生性很强，在土里可存活 10 年或更长时间。一般种子不带菌，主要依靠雨水、灌溉水、未腐熟的农家肥和农具等传播，并经伤口侵入皮层。

(2)发病条件　高温高湿是该病发病的条件。另外，土壤黏重、低洼积水、基肥不腐熟或腐熟不足、多年重茬等，也是诱发本病的重要条件。

【防治方法】

(1)农业防治　实行倒茬轮作，前茬以葱蒜类或白菜类为最好。实行 2～3 年轮作。对渍水菜田采取高畦深沟栽培或高垄栽培，以降低田间湿度，提高地温，促进根系发育，增强抗病力。

(2)药剂防治　田间零星发病时，可选用 70％甲基硫菌灵可湿性粉剂 600 倍液，50％多菌灵可湿性粉剂 500 倍液，77％氢氧化铜可湿性微粒剂 500 倍液，14％络氨铜水剂 300 倍液，50％多菌灵可湿性粉剂 1 000 倍液，混配 70％代森锰锌可湿性粉剂 1 000 倍液，间隔 7 天喷 1 次，连喷 2～3 次，有一定防治效果。对茎基部用药液泼浇效果更好。

4. 菜豆枯萎病

菜豆枯萎病只危害菜豆，分布较广泛。其危害程度因环境条件而异，局部地区或适宜年份较重，常引起成片死亡。

【危害症状】　病株下部叶片先变黄，后逐渐向上扩展。叶脉呈黑褐色，或邻近叶脉的叶组织变黄，以后全叶枯黄、脱落。病株地下部根系发育不良，侧根少，易拔起。发病中后期，剖开病茎可见维管束变成黄褐色至黑褐色。受害植株结荚减少,病荚背部腹缝线逐渐变黄褐色。进入花期后,病株大量枯死。

【病　原】　尖孢镰刀菌菜豆专化型病菌所引起的土传真菌病害,属半知菌亚门真菌。

【发病规律】

(1)传播方式　病菌以菌丝体、厚垣孢子和菌核在病株残体、土壤和未腐熟的农家肥里及种子上带菌越冬,成为翌年初侵染源。病害的初侵染来源主要是带菌的肥料和土壤,通过滴水、灌溉水或工具传播、蔓延。因此,一旦遇到大水灌苗,病害就迅速流行。病菌由根部伤口或根毛顶端细胞直接侵入,在薄壁组织里生长后,进入导管,发育产生大量分生孢子,借助上升的液流扩散到植株的嫩尖、分枝和叶部,引起全面发病。常因导管被菌丝堵塞和组织遭毒素破坏而使植株萎蔫。

(2)发病条件　发病最适温度为 $24℃～28℃$,空气相对湿度为 80% 以上。雨后晴天病情迅速发展。另外,该病菌是一种土壤习居菌,连作会增加土壤中的含菌量,不仅发病早,而且发病重。高温高湿容易发病,土壤湿度越大发病越严重。

【防治方法】

(1)选用抗病品种,对种子进行消毒　除选用抗病种子外,常用相当于种子重量 0.5% 的 50% 多菌灵可湿性粉剂拌种,或 40% 甲醛溶液 300 倍液或 50% 多菌灵可湿性粉剂 500 倍液浸种 4 小时再播种。

(2)实行轮作和加强田间管理　重病田倒茬,间隔 3～5 年。采用高垄栽培,施用腐熟农家肥,增施磷、钾肥,雨后及时中耕,清除残株败叶等,对病害均有控制作用。

(3)药剂防治　发病初期,选用 50% 多菌灵可湿性粉剂 1 500 倍液,70% 甲基硫菌灵可湿性粉剂 1 000 倍液,20% 甲基立枯磷可湿性粉剂 1 200 倍液,10% 双效灵水剂 250 倍液等灌根或喷雾。

每 7～10 天灌根或喷雾 1 次,连续处理 2～3 次。

5. 菜豆细菌性疫病

又称火烧病、叶烧病,是菜豆常见病害,各地均有发生。夏播菜豆发生较重,常减产 10％～20％,而且影响豆荚的商品性和食用价值。

【危害症状】　病叶多从叶尖或叶缘开始,初呈暗绿色油渍状小斑点,后扩大为不规则状。病部干枯变褐,半透明,周围有黄色晕圈,病部常溢出淡黄色菌脓,干后呈白色或黄白色菌膜。重者叶上病斑很多,引起全叶枯凋,但暂不脱落,风吹雨打后,病叶破裂。在高温高湿环境下,部分病叶迅速凋萎变黑。茎蔓受害,茎上病斑呈红褐色溃疡状条斑,中央凹陷,当病部围茎一周时,上部枯死。豆荚病斑呈圆形或不规则形,红褐色,后为褐色,中央稍凹陷,常有淡黄色菌脓,病重时全荚皱缩。

【病　原】　由菜豆黄单胞菌侵染而引起的细菌病害。

【发病规律】

(1)传播方式　病菌在寄主种子内越冬,可存活 2～3 年。播种带菌种子引起幼苗发病,并在子叶和生长点上产生菌脓,由媒介昆虫和风雨传播,经寄主的伤口、气孔和水孔侵入,使病害扩大蔓延。

(2)发病条件　田间发病适温为 24℃～32℃。植株表面湿润或有水珠,有利于病菌侵染。在闷热连阴雨或暴风雨后即晴的天气里,病害发生较快。此外,栽培管理不当,大水漫灌或肥力不足,偏施氮肥,植株长势差或徒长,发病均较重。

【防治方法】

(1)选用无病种子和进行种子处理　设无病留种田或由无病株上采种。对带菌种子消毒处理,用 45℃温水浸种 10 分钟,或用硫酸链霉素 500 倍液浸种 24 小时。也可用 50％福美双可湿性粉剂或 95％敌克松原粉拌种,其药量为干种重的 0.3％。

（2）加强栽培管理　与非豆科蔬菜轮作 2～3 年；适时播种，合理密植，及时中耕锄草，合理施肥、浇水、防虫；作物收获后彻底清除病残体，以减少越冬病原菌。

（3）药剂防治　在发病初期，可选用 72％农用链霉素可溶性粉剂或新植霉素 3 000～4 000 倍液，抗菌素"401"1 000 倍液，30％琥胶肥酸铜杀菌剂 500 倍液，12％松脂酸铜 600 倍液喷洒。每隔 7 天喷 1 次，连喷 2～3 次。

6. 菜豆角斑病

【危害症状】　主要在花期后发病。该病危害叶片，产生多角形黄褐色斑，后变紫褐色，叶背簇生灰紫色霉层。严重时侵害荚果，荚果上出现直径 1 厘米左右的霉斑，斑中间黑色，边缘呈紫褐色，后期密生灰紫色霉层，严重时可使种子霉烂。

【病　原】　灰拟棒束孢菌，属半知菌亚门真菌。

【发病规律】　病原菌以菌丝块和分生孢子在种子上越冬。该病在生长季危害叶片，并产生分生孢子进行再侵染，扩大危害。

【防治方法】　①选无病株留种，或播种前用 45℃温水浸 10 分钟实行消毒。②农业防治。深耕土地，轮作倒茬。③药剂防治。发病初期喷洒 77％氢氧化铜 101，或可湿性微粒剂 600 倍液，或 64％噁霜·锰锌可湿性粉剂 600 倍液。每隔 7～10 天喷 1 次，喷洒 1～2 次。

7. 菜豆白绢病

【危害症状】　受害株茎基部皮层腐烂，表面密生白色绢丝状菌丝和菜籽状菌核，最后植株萎蔫死亡。

【病　原】　齐整小核菌，属半知菌亚门真菌。

【发病规律】

（1）传播方式　白绢病菌主要以菌核在土壤中越冬，且存活期可达 5～8 年,甚至更长。除危害菜豆、豇豆外,还可危害辣椒、番茄等蔬菜。

(2)发病条件 病菌在田间主要通过灌水、雨水、肥料及农事操作等传播、蔓延。菜地湿度大或栽植过密、通透性差、偏施氮肥,则病害发生重。

【防治方法】

(1)清洁田园 在发病初期拔除病株,带出棚室外烧毁,并在病穴里撒消石灰消毒,以防止病菌蔓延。

(2)改良土壤 每 667 平方米施用消石灰 50～100 千克,将土壤酸碱度调整为中性或微碱性;增施腐熟的有机肥,可减轻病害。

(3)药剂防治 发病初期,用 50%混杀硫或 36%甲基硫菌灵悬浮剂 500 倍液,或 20%三唑酮乳油 2 000 倍液喷洒于植株基部及周围土壤,1 周后再喷 1 次。此外,也可用 20%甲基立枯磷乳油在发病初期灌穴或淋施,隔 15～20 天再用 1 次。

8. 菜豆病毒病

菜豆病毒病又叫花叶病,全国各地均有分布,是菜豆的重要病害。一般以秋季露地栽培的蔓生菜豆发生危害较重,有时病株率达 80%以上。该病还可危害豇豆、蚕豆、扁豆、豌豆、黄豆等多种寄主。

【危害症状】 幼苗至成株期均可发病,田间症状较为复杂。常见其嫩叶初现明脉、沿脉褪绿,继而呈现花叶,病叶凸凹不平,深绿色部分往往突起呈疱斑;叶片细长变小,常向下弯曲,有的呈缩叶状。叶脉和茎上可产生褐色枯斑和坏死条斑。严重时植株萎缩,下部叶片干枯,生长点坏死,开花少并易脱落,很少结实,有时豆荚上产生黄色斑点或出现斑驳,根系变黑,重病株往往提早枯死。

【病 原】 主要有菜豆普通花叶病毒、黄瓜花叶病毒和菜豆黄花叶病毒。

【发病规律】

(1)传播方式　带病毒的种子和多种越冬的寄主植物是田间发病的初侵染源。播种带病毒种子长出的幼苗,在适宜条件下即可发病。病毒在田间的传播蔓延,主要借助有翅蚜的迁飞活动。此外,汁液接触也可传染。

(2)发病条件　气温为 20℃～25℃有利于显症,18℃左右只表现轻微症状,气温达 26℃以上呈重型花叶、卷叶或植株矮化。高温、少雨年份有利于蚜虫增殖和有翅蚜迁飞,常造成病毒病流行。

【防治方法】　①严格选留无病种子,选用抗(耐)病品种。②适期播种,春播地区可采用早熟种或早种早收,避开发病盛期,减少种子带毒率。夏播菜豆宜选较凉爽地方种植或与小白菜等间、套种,适当密植,以降低地温和保持土壤水分。③及时防治蚜虫,具体防治技术参见蚜虫防治部分。

9. 菜豆灰霉病

【危害症状】　菜豆的茎、花、叶、荚均可受害。发病初期,根茎以上 10～15 厘米处出现云纹斑。病斑深褐色,中部淡棕褐色至浅黄色。干燥时,病斑表皮破裂形成纤维状;棚室内空气潮湿时生灰霉层,即病菌的分生孢子梗及分生孢子。病菌也从茎蔓分枝处侵入,使分枝处形成水渍状斑凹陷,继而分枝萎蔫。苗期子叶发病,病部水渍状,变软下垂,潮湿时其上生灰霉层。真叶受害,多从叶尖开始发病,初呈水渍状,浅褐色;也可在叶中部形成浅褐色病斑,具有轮纹,严重时病斑连成片,着生霉层。幼嫩荚易受害,形成褐色病斑,后软腐,表面长灰霉。

【病　原】　灰葡萄孢菌,属半知菌亚门真菌。

【发病规律】

(1)传播方式　病菌以菌丝体、分生孢子或菌核在病残体或土中越冬。病菌主要借风、农事操作传播。

(2)发病条件 温度在2℃～31℃时均可发病,最适温度为20℃～23℃,高湿发病重。一般12月份至翌年5月份气温为20℃左右,空气相对湿度连续在90%以上易发病。冬春保护地春季若遇有连续阴雨天气,气温偏低,通风不及时,易发生流行。此外,密植,偏施氮肥或缺肥,绑架不及时,管理粗放等,易发病。

【防治方法】

(1)加强栽培管理 地膜覆盖,减少地表蒸发,适时通风以降低棚室湿度,早春在晴天上午浇水。收获后清除残体,并深翻土地。发病初期及时摘除病叶、病果。

(2)药剂防治 发病初期选用50%腐霉利可湿性粉剂1 000倍液,或50%异菌脲可湿性粉剂1 500倍液,65%甲霜灵可湿性粉剂1 500倍液,50%多霉威可湿性粉剂1 200倍液,50%乙烯菌核利可湿性粉剂600倍液等喷洒。每7～10天喷1次,连续喷3～4次。棚室内也可以采用烟雾法或粉尘法。

10. 豇豆锈病

豇豆锈病是豇豆最重要的病害,夏、秋季多雨年份常引起危害,严重时产量损失达五成左右。该病仅在豇豆上发生。

【危害症状】 主要危害叶片,叶柄、茎和豆荚也有时发病。初期多在叶片背面形成黄白色小斑点,稍隆起,扩大后呈红褐色疱斑,称为夏孢子堆,具晕圈。疱斑破裂后散放出红褐色粉末状物,疱斑处的叶片正面产生褪绿斑。叶脉和茎的夏孢子堆呈条状或近圆形。植株生长后期,病部产生黑色疱斑,为冬孢子堆。病疱内含有黑色粉末状物。

【病 原】 由豇豆单胞锈菌侵染所引起的专性寄生真菌病害。

【发病规律】

(1)传播方式　豇豆锈病菌以冬孢子随病残体在地上越冬。翌年冬孢子萌发,产生菌丝和担孢子;担孢子萌发产生芽管侵染寄主而发病。菌丝体及夏孢子也可在温室及大棚内的菜豆上继续危害和越冬。在生长季节,夏孢子借气流传播侵染,导致病害流行。

(2)发病条件　高温高湿是诱发病害的重要因素。寄主表面的水滴是夏孢子萌发和侵染的必要条件。重露、多雾易发病;菜地低洼,排水不良或种植过密,偏施氮肥,田间小气候湿度大、通风透光差,发病重。

【防治方法】

(1)农业防治　选用抗病品种,实行轮作,合理布局;秋豇豆远离夏豇豆地种植,调整品种和播种期,使收获盛期避开雨季;收获后清洁田园等,均可减轻发病。

(2)药剂防治　发病初期,选用 25% 三唑酮可湿性粉剂2 000～3 000 倍液,50%萎锈灵乳油 800～1 000 倍液,2.5%环丙唑乳油 4 000 倍液,50%多菌灵可湿性粉剂 500 倍液,40%敌唑酮可湿性粉剂 4 000 倍液,50%硫黄悬浮剂 200～300 倍液喷布,一般间隔 7～10 天喷 1 次药,其中三唑酮、敌唑酮和环丙唑的用药间隔延至 15 天。

11. 豇豆病毒病

【危害症状】　苗期感病,叶片呈花叶畸形,植株严重矮化,甚至枯死。成株期感病,植株嫩叶呈现明显或不很明显的明脉,以后叶片呈现花叶,有些病叶或多或少地呈现畸形,另一些病叶的叶脉呈现绿带,病叶较小,植株生长受到抑制,病株结荚较少,严重时豆荚也呈现畸形。

【病　原】　主要有豇豆蚜传花叶病毒(CAbMV)、黄瓜花叶病毒(CMV)和蚕豆萎蔫病毒(BBWV)等3种。

【发病规律】

(1)传播方式　越冬寄主植物和带毒种子是初侵染源。3种病毒在田间主要通过蚜虫进行非持久性传毒,病株汁液摩擦接触及农事操作也是重要的传毒途径。

(2)发病条件　气温的高低影响病状的表现。26℃以下表现为花叶、矮化和卷叶等症状,在18℃左右只呈现轻型花叶症,超过26℃或低于18℃症状表现受抑制。光照强或延长光照时间有加重症状的趋势。另外,如蚜虫发生量大,则发病较重。

【防治方法】

(1)农业防治　选播抗病品种,选用多年没种过豆科作物的地块繁殖种子,建立无病留种田,或选无病株采种。加强栽培管理,合理施肥、浇水。

(2)药剂防治　发病初期喷洒83增抗剂100倍液,每隔10天左右喷1次,连续喷2～3次。并及时喷药防治蚜虫。

12. 豇豆煤霉病

豇豆煤霉病又称煤斑病、叶霉病,是各地普遍发生的一种重要病害。除危害豇豆属外,还侵染扁豆、刀豆、蚕豆、豌豆和菜豆以及红小豆、绿豆和毛豆等,引起病害。

【危害症状】　主要危害老熟叶片。一般苗期叶片和成株期的嫩叶均不易感染发病。因此,植株叶片自下而上逐渐发病。最初叶片正反两面产生紫褐色斑点,扩展后呈圆形病斑,直径1～2厘米;有时因叶脉限制,病斑多角形,呈褐色或紫褐色。病斑没有明显边缘,表面密生灰色或暗灰色煤烟状霉,叶背多于叶面。后期病斑在扩展中相互连接,常呈无定形的较大斑块。严重时整株叶片几乎全部干枯脱落,仅在顶梢残存少量嫩叶。

【病　原】　由菜豆尾孢侵染所致的真菌病害。

【发病规律】

(1)传播方式 病菌以菌丝块附在病残体上于田间越冬。条件适宜时,菌丝块产生分生孢子进行侵染。发病后,病部不断产生新的分生孢子借风雨传播,进行再侵染。

(2)发病条件 高温高湿有利于发病。温度30℃左右,空气相对湿度85%以上,病害易流行。连作地块,管理粗放,田间潮湿,生长不良时,均发病重。

【防治方法】

(1)选种抗病品种 豇豆品种间抗病性具有明显差异,选种抗病性强的品种可减轻病害。

(2)加强栽培管理 种植密度适宜,田间通风透光,合理灌水,防止湿度过大。棚室采用地膜覆盖,适时通风换气。增施磷、钾肥,提高植株抗病力。清除病残体并集中处理,并进行深翻。病害发生初期及时摘除病叶。

(3)药剂防治 发病初期及时喷药防治,可选用25%多菌灵可湿性粉剂500倍液,75%百菌清可湿性粉剂600倍液,77%氢氧化铜可湿性微粒剂500倍液,40%多硫悬浮剂800倍液和1:1:200波尔多液,每隔7~10天喷1次,连喷2~3次。施药后如遇雨,雨后应及时补喷。也可采用烟熏法或粉尘法防治。

第二节 虫 害

1. 豆 蚜

豆蚜别名苜蓿蚜、花生蚜。属同翅目、蚜科。全国各地均有分布,山东、河北为害最重。寄主广泛,达200余种,主要为害蚕豆、豌豆、菜豆、豇豆、扁豆、花生、苜蓿等豆科作物和杂草。成蚜、若蚜群集寄主的嫩叶、嫩茎、花序吸食汁液,造成萎缩,分泌蜜露诱发煤污病,影响植株正常生长、开花和结果。受害严重的植株生长停滞、矮小,易落花,结荚少且籽粒不饱满,甚至整株死亡。

【形态特征】

(1)有翅孤雌蚜 体长1.5～1.8毫米,长卵圆形。体黑紫色或墨绿色,有光泽。腹部色稍淡,有灰黑色斑纹。

(2)无翅孤雌蚜 体长1.8～2毫米。体较肥胖呈宽卵圆形,黑色或紫黑色,有光泽。体被薄蜡粉。

(3)有翅若蚜 体小,黄褐色,体被薄蜡粉。翅芽基部暗黄色,腹管细长、黑色。尾片黑色,短而不上翘。

(4)无翅若蚜 体小,灰紫色或黑褐色(图7-1)。

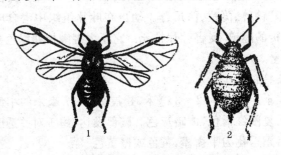

图7-1 苜蓿蚜
1. 有翅胎生雌蚜　2. 无翅胎生雌蚜

【生活习性】 豆蚜1年发生20余代,在南方可全年繁殖。山东、湖北等省以无翅成、若蚜在秋播的蚕豆、豌豆、紫云英以及背风向阳的山坡、湖边、路旁的荠菜、地丁、野苜蓿的心叶、根茎处越冬,也有少数以卵越冬。翌年春季先在越冬寄主上繁殖、扩散,当蚕豆、豌豆等成熟时即产生有翅胎生雄蚜迁飞到花生上为害,秋季再迁移到扁豆、菜豆上为害。

豆蚜耐寒力强,生长发育的最适温度为19℃～22℃,空气相对湿度为60%～75%。平均气温为21℃时,完成1代只需7天。

每头无翅孤雌蚜可产若蚜 100 多头,因此极易造成严重为害。温度低于 15℃或高于 25℃,空气相对湿度在 50%以下或 80%以上,则繁殖受到明显抑制。如冬、春季干旱,则发生早,春季为害重。在保护地栽培中,豆蚜主要为害早春和晚秋温室及大棚中的豆科蔬菜。

【防治方法】 参见瓜蚜的防治方法。

2. 豌豆潜叶蝇

豌豆潜叶蝇又称豌豆彩潜蝇,属双翅目潜蝇科。除西藏、新疆外,各地均有发生。主要为害豌豆、蚕豆、荷兰豆、油菜、白菜、萝卜、番茄、马铃薯、莴苣、西瓜等。幼虫在叶片组织中潜食叶肉,形成迂回曲折的隧道,受害叶片枯死。它还为害嫩枝和绿色荚果,严重影响产量。

【形态特征】

(1)成虫 体长为 2～3 毫米、翅展为 5～7 毫米的小型蝇子。头部黄色,复眼红褐色,体暗灰色。胸部发达,翅 1 对并透明、有紫色闪光;后翅退化为平衡棒,黄色或橙黄色。

(2)卵 长约 0.3 毫米,卵圆形,乳白色或灰白色,略透明。

(3)幼虫 体长 2.9～3.5 毫米,蛆状,前端可见能伸缩的口钩,体表光滑、柔软,由乳白色变黄白色或鲜黄色。

(4)蛹 长约 2.5 毫米,长椭圆形、略扁。初为黄色,后变为黑褐色(图 7-2)。

【生活习性】 在辽宁 1 年发生 3～5 代,华北地区 1 年 5 代,江西 1 年 12～13 代,福建 1 年 13～15 代,广东 1 年 18 代。淮河以北以蛹越冬,淮河以南至长江流域以蛹越冬为主,少数幼虫、成虫也可越冬。越冬场所为油菜、豌豆或杂草等的枯叶。华南地区可在冬季连续发生。在北方温室中可连续为害。翌年 3 月份先在保护地内为害。随着温度升高,虫口数量逐渐上升,4～5 月份是

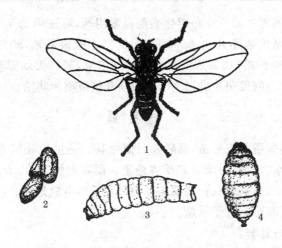

图7-2　豌豆潜叶蝇

1. 成虫　2. 卵　3. 幼虫　4. 蛹

为害猖獗时期，主要为害豌豆、蚕豆、留种白菜、油菜和甘蓝等。夏季气温超过35℃时，有蛹期越夏现象，田间虫口密度锐减。秋后逐渐转到萝卜、莴苣、白菜幼苗上为害。成虫白天活动，吸食花蜜，对甜汁有明显的趋性。卵散产，同一片叶上只产1～2粒，多产在叶背面边缘内，尤以叶尖处居多。成虫寿命7～20天。每头雌蝇可产卵45～98粒，卵期为5～11天。幼虫孵化后即潜食叶肉，造成曲折的"隧道"。幼虫期5～14天，共3龄。老熟幼虫在"隧道"中化蛹，蛹期为5～16天。

【防治方法】

（1）农业防治　豌豆潜叶蝇各个虫态都在寄主上，收获后及时清除残株败叶尤为重要，可杀死大量的卵、幼虫和蛹，减少越冬基数。

（2）人工诱杀成虫　在越冬代成虫羽化盛期，用诱杀剂点喷部分植株。诱杀剂是以甘蓝、胡萝卜煮液为诱饵，加入0.05％敌百虫制成毒剂。可每隔3～5天点喷1次。

（3）药剂防治　在卵孵化盛期抓紧用药,可选用 2.5％溴氰菊酯,20％氰戊菊酯乳油 3 000 倍液,50％辛硫磷乳油,90％敌百虫晶体 1 000 倍液,18％杀虫双水剂 500 倍液,25％灭幼脲乳油 800 倍液,1.8％阿维菌素乳油 2 000～3 000 倍液喷洒防治。

3. 豆荚螟

豆荚螟俗名豆蛀虫,属鳞翅目螟蛾科。该虫在我国有广泛分布,以华东、华中、华南等地受害最重。属寡食性害虫,为害大豆、毛豆、菜豆、扁豆等豆科蔬菜的豆荚和种子而造成瘪荚、空荚,导致产量降低和影响种子质量。

【形态特征】

（1）成虫　体长 10～12 毫米,体灰褐色。前翅狭长,沿前缘有 1 条白色纵带,近翅基 1/3 处有 1 条黄色宽横带。

（2）卵　长 0.5～0.8 毫米,椭圆形,初产时乳白色,渐变为红色。

（3）幼虫　老熟时体长 14～18 毫米,初孵时为淡黄色,以后为绿色至紫红色。4～5 龄幼虫前胸背板前缘中央有“八”字形黑斑,另有 4 个黑斑。

（4）蛹　黄褐色,体长 9～10 毫米。蛹茧长椭圆形,白色丝质,茧外附有土粒。

【生活习性】　豆荚螟从北到南 1 年发生 2～8 代,各地主要以老熟幼虫在寄主植物附近地表下 5～6 厘米处结茧越冬。湖北、湖南、河南有少量以蛹越冬。在长江流域及河南、浙江等省 4～5 代区,越冬代幼虫多在 4 月上中旬化蛹,4 月下旬至 5 月中旬陆续羽化出土。成虫在豌豆、绿豆或冬种豆科绿肥作物上产卵。6 月上旬至 7 月上旬第一代幼虫为害豆荚,7 月份第二代幼虫为害春播大豆、绿豆等,7 月下旬至 8 月底第三代幼虫为害晚播春大豆、早播夏大豆及夏播豆科绿肥,9 月上旬至 10 月中旬第四代幼虫为害夏播大豆和早播秋大豆,9 月下旬至 10 月第五代幼虫为害晚播夏大豆和秋大豆,末龄幼虫在 10～11 月入土越冬。成虫昼伏夜出,趋光性弱,可作短距离飞翔。大豆结荚前多产卵于幼嫩叶柄、花柄、嫩芽和嫩叶背面,结荚后多产在豆荚上,1 个荚着卵 1～2 粒,多毛品种荚上着卵多。每头雌虫平均产卵 80 余粒。幼虫孵化后在豆荚上结一白色薄丝茧,再从茧下蛀入荚内食害豆粒,也可为害叶柄和蛀入嫩茎。每一幼虫可食害 4～5 个豆粒,可转荚为害 1～3 次。末龄幼虫脱荚入土或在叶背结茧化蛹。

【防治方法】

(1)农业防治　选择早熟丰产、结荚期短、少毛或无毛品种播种。合理布局,应避免豆类作物与豆科绿肥连作或邻作,如实行水旱轮作效果更好。消灭越冬虫源,及时翻耕整地或除草松土,有条件的地区可冬、春灌水。豆科绿肥结荚前翻耕沤肥,及时收割运走大豆,减少本田越冬幼虫。

(2)生物防治　老熟幼虫入土前,如田间湿度过高,每 667 平方米可施用白僵菌粉剂 1.5 千克,加细土 4.5 千克。

(3)药剂防治　在发蛾盛期和卵孵化盛期喷药。一般在大豆初花期开始连续用药 2 次,间隔 5～7 天。在豇豆、菜豆蕾期和花期每 10 天喷药 1 次。可选用 80%敌百虫可溶性粉剂 800～1 000 倍液,50%杀螟松乳油或 50%倍硫磷乳油各 1 000 倍液喷洒。

4. 豆野螟

豆野螟又称豇豆豆荚螟、豆荚野螟。属鳞翅目螟蛾科。国内各地均有分布。该虫主要为害豇豆、菜豆、扁豆等豆科蔬菜,以幼虫蛀食豆荚、种子以及蕾、花瓣、嫩茎等,造成落蕾、落花、落荚和枯梢;蛀食后期的豆荚产生蛀孔,因其粪便堆积蛀孔常引起腐烂,严重影响豆类产量和质量。

【形态特征】

（1）成虫　体长 10～13 毫米,体灰褐色。前翅烟褐色,自外缘向内有大、中、小白色透明斑各 1 块。后翅近外缘 1/3 处呈烟褐色,其余大部分呈白色,半透明(图 7-3)。

（2）卵　长约 0.6 毫米,扁平椭圆形,由淡黄绿色渐变黄褐色。

（3）幼虫　黄绿色,老熟幼虫体长 18 毫米左右。共 5 龄。头部及前胸背板褐色,中、后胸背板上有黑褐色毛片 6 个,排成 2 列。前排 4 个各生有 2 根细长的刚毛,后列 2 个,无刚毛。腹部各节背面有同样毛片 6 个,但在毛片上各生有 1 根刚毛。

（4）蛹　黄褐色,体长约 13 毫米。头顶突出,复眼红褐色。羽化前在褐色的翅芽上能见到成虫前翅的透明斑。

图 7-3　豆野螟成虫

【生活习性】　在华北 1 年发生 3～4 代,华中、上海等地 1 年 4～6 代,以蛹越冬。福建、台湾 1 年 6～7 代,以幼虫越冬。广州 1 年 9 代,无明显越冬现象。该虫是喜温性害虫,在南方各省为害严重,其为害盛期一般在 6 月下旬至 9 月,如武汉地区 6～8 月是为害高峰期,前期在四季豆、中后期在豇豆、后期在扁豆上发生量最大。上海市 7～8 月第二、第三代以为害中晚茬豇豆为主,广州市在 4～5 月和 10～11 月为害菜豆,5～8 月为害豇豆。成虫白天停在豆株下部不活动,夜间飞翔,有趋光性。雌蛾主要产卵于花瓣、花托和花蕾上,占总卵量的 80％左右,嫩荚上产卵量约占 10％,还产在嫩梢、嫩茎、嫩叶上。卵散产。如成虫产卵期与豇豆等寄主的开花期吻合,则受害重。初孵幼虫经短时间活动即钻蛀花中为害,1 朵被害花中一般有幼虫 1～2 头,1 头幼虫最多可钻蛀花蕾 20～25 个。幼虫 3 龄后蛀荚取食豆粒,将粪便排于虫孔内外。一般在产卵高峰后 10 天左右出现蛀荚高峰。幼虫有多次转荚为害习性,老熟幼虫在被害植株附近的土表或浅土层内做茧化蛹。6～7 月份卵期 2～3 天,幼虫期 8～10 天,蛹期 7～8 天。

【防治方法】　①及时清除田间落花、落荚,摘除被害的卷叶和豆荚并集中销毁。②设黑光灯诱杀成虫。③药剂防治。在始花期和盛花期各喷药 1 次,重点是喷蕾、花、嫩荚及落在地上的花,连喷2～3 次。两次喷药的间隔期,春播豇豆以 10 天、夏播豇豆以 7 天为宜。每 667 平方米可用 2.5％三氟氯氰菊酯乳油 4 000 倍液喷75～100 千克,或苏云金杆菌乳剂加 2.5％溴氰菊酯乳油按 1：0.1 对水成 800～1 500 倍液,也可用 2.5％溴氰菊酯乳油或 10％氯氰菊酯乳油或 80％敌敌畏乳油 1 000 倍液等。

5. 豌 豆 象

豌豆象俗名豆牛,属鞘翅目豆象科。除黑龙江、新疆、西藏外,其余各省(自治区、直辖市)均有不同程度发生。其寄主单一,仅为害豌豆。可随豌豆调运作远距离传播,为害严重。幼虫蛀食籽粒时,能把种子吃成空洞,被害豌豆表面多皱纹带淡红色,出粉率约降低 60％,发芽率受到严重影响,而且有异味难以食用。

【形态特征】

(1)成虫　体长 4～5 毫米,长椭圆形,棕黑色,被有黑色、黄褐色、灰白色细毛。前胸背板侧缘的齿突在中央的前方。臀板两侧各有一明显的黑褐色至黑色毛斑。后足腿节下面端部有 1 个长而尖的齿。

(2)卵　长椭圆形,淡黄色。

(3)幼虫　体长 4.5～6 毫米,体黄白色、肥大,分节明显,多皱纹,背部隆起、无背线。

(4)蛹　长 5.5 毫米,淡黄色(图 7-4)。

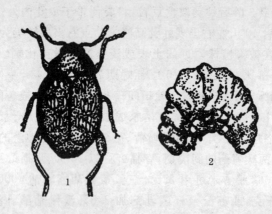

图 7-4　豌豆象

1. 成虫　2. 幼虫

【**生活习性**】　豌豆象 1 年发生 1 代,以成虫在仓库和房屋缝隙及包装物等处潜伏越冬,也有部分成虫在野外树皮、杂草等处越冬。翌年春季 4 月上中旬至 5 月上旬当豌豆开花结荚期间,越冬成虫飞至豌豆地取食、交尾、产卵。成虫有假死性。只有取食豌豆花粉才能成熟产卵。卵散产于豆荚表面。在豌豆植株中部着卵最多,下部次之,上部最少。一般一荚一卵。每头雌虫平均可产卵300 粒,卵期 6～7 天。幼虫共 4 龄,初孵幼虫即蛀入豆粒,一般每豆粒内只有 1 头幼虫。幼虫期平均 37 天,老熟幼虫在豆粒内咬一圆形羽化孔盖后化蛹。化蛹盛期一般在 7 月上旬,蛹期 8～9 天。因此,在 6 月底至 7 月初收获的豌豆进仓时带有老熟幼虫。成虫羽化后数日稍受振动即顶破羽化孔盖,钻出豆粒并飞至越冬场所越冬,少数在豆粒内越冬。

【防治方法】

(1)农业防治　选用早熟品种,使豌豆开花、结荚期避开成虫产卵盛期,以减轻其受害。

(2)种子处理　豌豆脱粒后立即在晒场上铺2～3厘米厚暴晒6天,杀虫效果达90％以上。开水烫种(适于少量豌豆处理),将豆子放入箩筐内,浸入开水中25秒钟并搅动,使水没过种子,然后取出箩筐在冷水中浸一下,摊开晒干后贮藏。

(3)药剂防治　在盛花期喷药,可选用50％马拉硫磷乳油或80％敌百虫可溶性粉剂1 000倍液,或2.5％溴氰菊酯乳油3 000倍液喷布。

6. 蚕 豆 象

蚕豆象俗名豆牛。属鞘翅目豆象科。国内该虫发生遍及华东、华中、华南、西南、华北等蚕豆产区。其寄主单一,仅为害蚕豆。可随蚕豆调运作远距离传播。幼虫把豆粒蛀成空洞,损坏胚部,不仅影响产量、品质和食用,而且影响出芽率。

【形态特征】　蚕豆象易与豌豆象相混,可根据蚕豆象以下特征区别其与豌豆象的不同。

(1)成虫　前胸背板侧缘的齿突在中央,臀板上没有明显的黑色毛斑。

(2)卵　黄白色。

(3)幼虫　背部隆起1条红褐色背线,生活在蚕豆里(图7-5)。

【生活习性】　蚕豆象1年发生1代,以成虫在蚕豆内和仓库角落及包装物缝隙内越冬,少数在田间作物的残株、野草或砖石下越冬。翌年春3月下旬至4月上旬飞到蚕豆田取食,只有取食蚕豆花粉后才能正常交尾和产卵。卵散产,最喜欢选择在已生长10～20天的嫩青荚上产卵,每荚一般产2～6粒卵。也可产在花

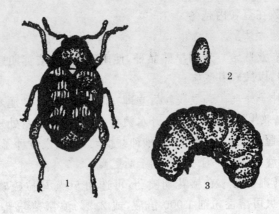

图7-5 蚕豆象

1. 成虫 2. 卵 3. 幼虫

尊、花瓣上。4月下旬至5月上旬为其产卵盛期,每雌平均产卵96粒,卵期7~12天。初孵幼虫即蛀入豆荚,侵入嫩豆为害,每豆粒一般有虫1~6头,幼虫经70~100天在豆粒内化蛹。8月份为化蛹盛期,蛹期平均14天。在蚕豆收获前,如成虫已羽化,气候温和,成虫即爬出豆粒,飞向田间找场所越冬。但大多数成虫随豆粒进入仓内越冬。成虫有耐饥力和假死性,飞翔力很强。

【防治方法】 同豌豆象。

7. 白条芫菁

白条芫菁属鞘翅目芫菁科,国内广泛有分布。主要为害大豆、毛豆及其他豆科植物,成虫群集食害叶片和花瓣,严重时豆叶只剩叶脉或吃光全叶,致使豆株不能结实。该虫还为害番茄、马铃薯、茄子、辣椒等。

【形态特征】

(1)成虫 体长15~18毫米,黑褐色。头部略呈三角形,红褐色。前胸背板中央和两个鞘翅上各有1条纵行的黄白色条纹,鞘翅周缘镶以白色毛边。

(2)卵　长2.5～3毫米,长椭圆形,由乳白色变黄白色。卵块排列成菊花状。

(3)幼虫　共6龄,各龄形态各异。1龄胸足发达,腹末端有1对尾须;2、3、4和6龄幼虫似蛴螬;5龄幼虫呈伪蛹状、似象甲的幼虫,胸足呈乳突状。

(4)蛹　长约15毫米,黄白色。前胸背板侧缘及后缘各生有9根较长的刺(图7-6)。

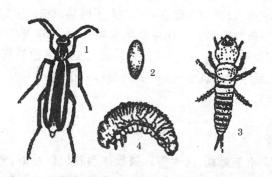

图7-6　白条芫菁
1. 成虫　2. 卵　3.1龄幼虫　4.6龄幼虫

【生活习性】　东北、华北地区1年发生1代,湖北1年2代,均以5龄幼虫在土中越冬,于翌年继续发育至6龄后在土中化蛹。在1代区6月下旬至8月中旬为成虫发生和为害期,大豆开花前后为害最烈。2代区5～6月份第一代为害早播大豆,再转移为害番茄、茄子等蔬菜;第二代成虫8月上中旬至9月下旬和10月上旬主要为害大豆,再转移到蕹菜等寄主上为害,发生数量逐渐减少。成虫多在白天活动取食,以中午最盛,群集取食,成群迁飞,喜食心叶和花等幼嫩部分,而后再吃老叶和嫩茎。每头成虫1天可取食大豆叶4～6片,吃光1株后再转至他株。偶遇惊扰,即迅速逃避或坠地躲藏,并分泌出一种含芫菁素的黄色液体,能刺激人体皮肤红肿、起疱。雌虫一般只交尾、产卵 1 次,卵产于穴中,每穴 70～150 粒,卵期 18～21 天;初孵幼虫顺卵穴出口爬出土面,行动敏捷,搜寻蝗卵及土蜂巢内幼虫为食,若找不到食料 10 天便死亡。1～4 龄历期 17～27 天,可食蝗卵 45～104 粒。5 龄伪蛹历期 292～298 天,在土中越冬。6 龄历期 9～13 天,在土中化蛹,蛹期 10～15 天。5～6 龄时不取食。

【防治方法】 ①冬季深翻土地,使越冬伪蛹暴露在地面冻死或让天敌吃掉,以减少虫源基数。②人工网捕成虫,注意皮肤勿接触成虫。③药剂防治。在成虫发生期喷药,每 667 平方米可选用 2.5% 敌百虫粉剂 1.5～2 千克,80% 敌百虫可溶性粉剂 1 000 倍液,40% 乙酰甲胺磷乳油或 50% 马拉硫磷乳油各 1 000～1 500 倍液喷洒(撒)。

8. 蜗 牛

蜗牛俗名蜒蚰螺、水牛等。属软体动物门腹足纲、柄眼目、巴蜗牛科。全国各地普遍发生,但南方及沿海潮湿地区较重。该虫食性杂,主要为害豆科、十字花科作物以及粮、棉、果树等。成、幼贝以齿舌刮食叶、茎,造成孔洞或缺刻,甚至咬断幼苗,造成缺苗。

【形态特征】

(1)成贝 爬行时体长 30～36 毫米,体外有一扁圆球形螺壳,身体分头、足和内脏等 3 部分。头上有 2 对可翻转缩入的触角,眼在后触角顶端。足在身体腹面,适于爬行。

(2)卵 圆球形,直径约 2 毫米,乳白色,有光泽,以后逐渐变为淡黄色,近孵化时变为土黄色。

(3)幼贝 体较小,形似成贝。

【生活习性】 1 年发生 1 代,以成贝、幼贝在菜田、绿肥田、灌木丛及作物根部、草堆、石块下及房前屋后等潮湿阴暗处越冬,壳口有白膜封闭。在南方 3 月初开始取食为害,4～5 月份成贝交尾产卵并为害多种作物幼苗。到夏季干旱季节便隐蔽起来,不食不动并用蜡状白膜封闭壳口。干旱季节过后又为害秋播作物,1 月下旬进入越冬状态。在北方春季活动期推迟 1 个月,冬眠提早 1 个月。在温室及大棚内发生早,为害期更长。蜗牛为雌雄同体,异体受精,也可自体受精繁殖。蜗牛一生可产卵多次,每成贝可产卵 80～235 粒,4～5 月份及 9～10 月份为产卵盛期。卵粒成堆,多产于潮湿、疏松的土里或枯叶下,卵期 14～31 天,土壤干燥或卵裸露于地表则不能孵化。喜阴湿,雨天昼夜活动取食,在干旱情况下昼伏夜出活动,爬行处留下黏液痕迹。

【防治方法】

(1)农业防治　①实行地膜覆盖栽培,不仅有利于蔬菜生产,且能使蜗牛的为害明显减轻。②采取清洁田园,铲除杂草,及时中耕,排干积水等措施,破坏蜗牛栖息和产卵场所。③进行秋季耕翻,使部分越冬成贝、幼贝暴露于地面而冻死或被天敌啄食,其卵被晒爆裂。

(2)诱集捕杀　用树叶、杂草、菜叶等在菜田做诱集堆,天亮前集中捕捉。

(3)撒石灰带保苗　在沟边、地头或作物间撒石灰带,每 667 平方米撒用生石灰 5～7.5 千克,保苗效果良好。

(4)药剂防治　①用多聚乙醛(蜗牛敌)与豆饼粉、玉米粉配成含有效成分为 2.5％～6％的毒饵,于傍晚施于田间垄上诱杀。②每667 平方米用 8％灭蛭灵或 10％多聚乙醛颗粒剂 2 千克撒于田间。③当清晨蜗牛未潜入土时,用灭蛭灵或硫酸铜 800～1 000 倍液,或氨水 70～100 倍液,或 1％食盐水喷洒防治。

9. 野蛞蝓

野蛞蝓俗名无壳蜒蚰螺、鼻涕虫。属软体动物门腹足纲、柄眼目、蛞蝓科。该虫主要分布于南方各省(自治区)及河南、河北、新疆、黑龙江等省(自治区),近年来北方塑料大棚内常有发生。食性杂,主要为害十字花科、豆科、茄科蔬菜和菠菜、牛皮菜以及棉、烟、麻等多种作物和杂草。受害作物叶片被刮食,并被其排泄的粪便污染,使菌类易侵入而导致菜叶腐烂。

【形态特征】

(1)成体 体长20~25毫米,爬行时体长30~36毫米,体柔软无外壳,暗灰色、灰红色或黄白色。头部前端有两对触角,暗黑色。头前方有口,口腔内有一角质齿舌。体背前端有外套膜,为体长的1/3;腹足扁平。腺体能分泌黏液,它爬过的地方留有白色痕迹(图7-7)。

(2)卵 椭圆形,直径2~2.5毫米,白色透明、可见卵核,近孵化时色变深。

(3)幼体 初孵时体长2~2.5毫米,淡褐色,体形同成体。

图7-7 野蛞蝓

【生活习性】 在云南、贵州等地1年发生2~6代,世代重叠,以成体、幼体在作物根部湿土下冬眠。在南方于4~6月份和9~11月份活动为害,亦为产卵繁殖盛期。在北方7~9月间为害较重。大部分卵产于湿度为75%的土壤中,成体平均产卵400余粒,卵期16~17天。野蛞蝓怕光照,在强烈日光下2~3小时即被晒死。因此,它多在晚上6时以后活动为害,夜间10~11时达到高峰,清晨日出时已陆续潜入土中或隐蔽处。

【防治方法】 参见蜗牛的防治方法。

思 考 题

1. 豆类蔬菜主要有哪些病虫害？
2. 如何防治菜豆和豇豆锈病？
3. 如何防治豆荚螟？

第八章　十字花科蔬菜病虫害

第一节　病　害

1. 大白菜病毒病

大白菜病毒病俗称抽疯,各地普遍发生,危害较重,是大白菜主要病害之一。本病除危害大白菜外,还危害小白菜、甘蓝、青菜、萝卜、芹菜、芜菁和芥菜等蔬菜作物。

【危害症状】　苗期、成株期和采种株上都有发生,但以苗期发病为主。苗期得病,病苗心叶出现明脉及沿叶脉褪绿,出现花叶。成株期发病,叶片皱缩不平,有时叶脉上产生褐色坏死斑点,病株矮化,不结球或结球但包心不紧。采种株显症,新叶明脉,老叶叶脉坏死,花瓣色淡,果荚瘦小,籽粒皮瘪,种子发芽率低。

【病　原】　侵染大白菜的病毒有 3 种,以芜菁花叶病毒(TuMV)为主,还有黄瓜花叶病毒(CMV)和烟草花叶病毒(TMV)。

【发病规律】

(1)传播方式　在北方,病毒在窖藏的白菜上越冬,或在宿根作物及田间杂草上越冬。通过蚜虫和汁液摩擦传播蔓延。从越冬寄主传到春菜,经夏菜寄主传到秋大白菜和萝卜上。

(2)发病条件　苗期气温高或干旱,发病重。幼苗 7 叶期以前易感病,受侵染后不能结球。侵染越早,发病越重。十字花科蔬菜邻作或连作,发病重。

【防治方法】　①因地制宜地选用丰产、抗病、优质的大白菜品种。在无病种株上采种。②适期播种。播种早,病害重;播种晚,包心不实,降低产量。因此,应根据当地气象条件和蚜虫发生情况,选定本地播种适期。苗期采取小水勤灌,并蹲苗、间苗。消灭杂草,可减少传毒蚜虫,减轻病害。施足基肥,增施磷、钾肥,少量多次追施氮肥,能壮苗增强耐病力。③利用蚜虫喜黄色、忌避银灰色的特点,用银灰膜条避蚜。④及时防治蚜虫。在白菜播种的同时,施用乐果或灭蚜松颗粒剂,出苗后及时喷药防治,或发病初期喷洒 20%盐酸吗啉胍·铜可湿性粉剂 500 倍液或菇类蛋白多糖(抗毒剂 1 号)300 倍液,每隔 7~10 天喷 1 次,连续喷 2~3 次。

2. 大白菜霜霉病

大白菜霜霉病各地普遍发生,危害较重,是大白菜主要病害之一。除危害大白菜以外,还侵染小白菜、菜薹、甘蓝、花椰菜、芜菁、芥菜、萝卜等十字花科蔬菜。

【危害症状】 从幼苗至采种株均主要危害叶片。苗期发病叶正面形成淡绿色斑点,扩大后变黄,潮湿时,叶背面长出白色霉状物;遇高温,病部则形成近圆形枯斑。成株期病斑亦褪绿或变黄,在发展过程中,因受叶脉限制呈多角形。条件适宜,病情急剧发展,叶片由外向里,层层枯死。种株受害,花梗畸形或肿胀,花及荚上形成坏死斑,空气潮湿时病部产生霉状物。

【病　原】 由寄生霜霉(或称芸薹霜霉)侵染所致。

【发病规律】

(1)传播方式　病菌以菌丝体在病株、采种株上越冬,或以卵孢子随病残体在土壤中越冬,条件适宜时侵染。翌年春由卵孢子或休眠菌丝产生的孢子囊萌发芽管,经气孔或表皮细胞间侵入春菜寄主,春菜收获后病菌以卵孢子在田间休眠 2 个月后侵入秋菜。病株所产生的大量孢子囊,借助风雨传播,使病害扩大和蔓延。

(2)发病条件　病菌孢子囊的形成、萌发和侵入要求稍低的温度和较高的湿度。田间湿度大、昼夜温差大、叶面结露或有阴雨，有利于发病。早播、密植、连作、缺肥或偏施氮肥，均有利于病害的发生。

【防治方法】

(1)农业防治　选用抗病品种，合理轮作，适期播种，加强肥水管理，与非十字花科蔬菜隔年轮作；施足基肥，增施磷、钾肥；注意苗期的水分管理，降低湿度，有利于根系生长，包心后不可缺水缺肥；收获后，及时清洁田园，深翻土壤。

(2)种子处理　用相当于种子重量0.3%的25%甲霜灵可湿性粉剂或50%福美双可湿性粉剂拌种。也可用相当于干种子重量0.4%的75%百菌清可湿性粉剂或50%福美双可湿性粉剂拌种。

(3)药剂防治　发病初期或出现中心病株，应立即喷药防治，常用的药剂有64%噁霜·锰锌可湿性粉剂700倍液，72%霜脲氰·代森锰锌可湿性粉剂700倍液，72.2%霜霉威水剂800倍液，90%三乙膦酸铝可湿性粉剂800倍液和75%百菌清可湿性粉剂500倍液。喷药必须细致周到，特别是下部叶片也应喷到。

3. 白菜软腐病

白菜软腐病又称腐烂病、烂疙瘩，是世界性病害。国内各地普遍发生，危害严重，田间发生可成片绝收，而且病株入窖，常引起烂窖，收后损失很大。除大白菜以外，还危害萝卜、甘蓝、花椰菜和芜菁等十字花科蔬菜以及番茄、辣椒、洋葱、胡萝卜、芹菜和莴苣等蔬菜。

【危害症状】　田间多从包心期开始发病，先在菜帮基部出现半透明状浸润斑，逐渐扩大后变灰白色，嫩组织水渍状腐烂，老组织失水成干缩状。发病初，外叶萎蔫，晚间或阴天尚能恢复正常，病情加重后便不再立起，致使叶球暴露。侵染由叶帮基部向短缩茎发展,引起根髓腐烂,并溢出恶臭的灰黄色黏稠状物质。病菌由薄壁组织进入维管束后,可沿叶脉发展,引起整株腐烂。病菌潜伏组织内尚未发病的植株,入窖后发生腐烂。

【病　原】　由胡萝卜软腐欧文氏杆菌胡萝卜软腐变种侵染致病,属细菌。

【发病规律】

(1)传播方式　病菌主要在病株和病残体组织中越冬。在田间,病菌主要通过昆虫、雨水和灌水传播,从伤口侵入,也可从根毛部位直接侵入,潜伏于体内。

(2)发病条件　软腐病的发生,与寄主生育期、气候条件和栽培管理有密切关系。白菜进入莲座期和包心期,伤口愈合能力差,抗病性降低,有利于病菌侵入和大量增殖;久旱骤降大雨或连阴雨天,致使植株裂口,且因雨水影响愈合速度,延长侵染时间,也会加重病害。此外,平畦栽培、施用未腐熟的农家肥、不适当的早播、菜田低洼、大水漫灌、有害昆虫密度过大等,均能加重病害发生。

【防治方法】

(1)选播抗病品种　在常发病区可采用杂种一代或青帮系统白菜。

(2)加强田间管理　白菜前茬宜选择葱、蒜或菜豆地,或与豆、麦轮作。采用高畦或半高畦栽培;施足基肥,避免施用未腐熟的农家肥,避免大水漫灌,雨后及时中耕培土,使菜根不外露。莲座期和结球期追施氮肥和钾肥,增强抗病性。发现病株立即拔除烧毁或深埋,病穴撒石灰粉消毒,并填土压实。

(3)采用药剂防治传病媒介昆虫　从播种前和苗期开始,就应及时防治黄条跳甲、菜青虫、小菜蛾、甘蓝夜蛾和地下害虫,其方法参见本书相应害虫的防治。

(4)药剂防治　发病前或初期,可选喷72%农用链霉素可溶性粉剂3000～4000倍液,新植霉素4000倍液,75%敌磺钠可湿性粉剂 800 倍液,并结合灌根处理。

4. 白菜黑斑病

白菜黑斑病又叫黑霉病,近年来病害有扩展和加重的趋势,已成为大白菜生产中的重要病害之一。黑斑病除白菜外,还危害甘蓝、花椰菜、芹菜、芜菁和萝卜等蔬菜。

【危害症状】 叶片病斑圆形,淡褐色或黑褐色,有同心轮纹,外有黄色晕圈。菜帮上病斑长梭形,褐色,有轮纹。潮湿时病斑上有黑色霉层即病菌的分生孢子梗及分生孢子。

【病 原】 由芸薹链格孢及甘蓝链格孢、萝卜链格孢等侵染而引起的真菌病害。属半知菌亚门真菌。

【发病规律】

(1)传播方式 病菌以菌丝体和分生孢子在土壤中、病残体上和种子上越冬。成为翌年田间的初侵染源。病菌在田间借风、雨传播,由寄主气孔或表皮直接侵入。

(2)发病条件 低温高湿有利于黑斑病的发生与流行。发病适温为 11℃～24℃,最适温度为 13℃～15℃,空气相对湿度72%～85%。降雨可促进发病,下雨时气温下降,湿度增大,适宜该病发生。

【防治方法】

(1)选用抗病品种,加强田间管理 与非十字花科蔬菜隔年轮作;施足有机肥,增施磷、钾肥;适期播种;发病初期及收获后及时清除病残体并销毁。

(2)种子处理 用 75% 百菌清或 50% 福美双可湿性粉剂拌种,药量相当于种子重量的 0.4%;用 50% 异菌脲可湿性粉剂拌种,药量为种子重量的 0.2%～0.3%。

(3)药剂防治 初发病时选用 75% 百菌清 600 倍液,58% 甲霜灵·锰锌 500 倍液,70% 代森锰锌 500 倍液,50% 多菌灵 500 倍液,50%甲基硫菌灵 500 倍液,64%噁霜·锰锌 500 倍液,50%异菌脲 1 500 倍液喷洒。每隔 7 天左右喷 1 次,遇雨后补喷,连喷 2～3 次。

5. 大白菜白斑病

白斑病仅危害十字花科蔬菜,主要侵染大白菜、甘蓝、芜菁、萝卜等。其中大白菜发病较重。此病常与霜霉病并发,危害性加重。

【危害症状】 白斑病主要危害叶片,老叶先发病。初为灰褐色小斑,扩大后呈圆形或卵圆形,病斑中心由灰褐色变为灰白色直至白色。湿度高时,叶背有淡灰色霉层即病菌的分生孢子梗及分生孢子。发病重者病斑连接成片,造成落叶。

【病 原】 由白斑小尾孢菌寄生发病,属半知菌亚门真菌。

【发病规律】

(1)传播方式 病菌以菌丝体在病、残叶上或在种株上越冬,也可以分生孢子附着在种子上越冬。条件适宜时,通过雨水飞溅传播,从寄主气孔侵入,引起初侵染。发病后,产生分生孢子,借风、雨重复传播。

(2)发病条件 此病侵染对温度要求不太严格,5℃～28℃均可发病,适温 11℃～23℃。田间湿度大、温差大,有利于发病。连作年限长、缺少氮肥或基肥不足、植株长势弱的发病重。

【防治方法】

(1)选用抗病品种和种子消毒 用 50℃温水浸种 20 分钟后捞出立即浸入冷水中,而后晾干播种。也可用相当于种子重量 0.3%的多·福粉(50%多菌灵可湿性粉剂和 50%福美双按 1∶1 拌匀)拌种。

(2)加强栽培管理 重病区实行与非十字花科蔬菜 2～3 年轮作。平整土地,增施基肥,适期播种,防止田间积水,收获后清除田间遗留残株落叶,翻耕埋入土中,可减少病菌。培育壮株,减少发病。

(3)药剂防治 发病初期,选用 50％多菌灵可湿性粉剂 600 倍液,70％甲基异菌灵可湿性粉剂 1 000 倍液,70％代森锰锌 700 倍液喷洒,隔 10 天喷 1 次,连续喷 2～3 次。

6. 大白菜炭疽病

全国各地都有发生,但长江流域受害较重,其中长江中游地区该病流行年发病率高达 50％左右。在田间该病除侵染大白菜外,还侵染萝卜、芥菜、芜菁等。

【危害症状】 主要危害叶片、花梗及种荚。叶片染病初期,出现白色或褪绿水渍状斑点,后发展为圆形或近圆形灰褐色斑,中央略下陷呈薄纸状;后期病斑灰色,易穿孔。叶背面受害后,叶脉形成凹陷的条状褐斑。叶柄、花梗及种荚染病,形成扁圆形或纺锤形至梭形、凹陷的灰褐色斑。湿度大时,病斑上有红色黏稠物质。

【病 原】 由希金斯刺盘孢菌侵染致病,属半知菌亚门真菌。

【发病规律】

(1)传播方式 病原真菌随病残体在土壤中越冬。种子也可带菌,借风和雨水飞溅传播。

(2)发病条件 高温高湿时易发病。种植密度大,地势低洼,通风透光性差的田块发病重。

【防治方法】

(1)选择抗病品种和种子处理 种子播前用 50℃温水浸种 10 分钟,或用相当于种子重量 0.4％的 50％多菌灵可湿性粉剂拌种。

(2)加强田间管理 与非十字花科蔬菜轮作 1～2 年;合理施肥,增施磷、钾肥;收获后及时清除病株残体,深翻土地,以加速病残体的腐烂。

(3)药剂防治 发病初期,可选用 70％甲基异菌灵可湿性粉剂 1 000 倍液,40％多·硫悬浮剂 500 倍液,70％代森锰锌可湿性粉剂700倍液喷雾。每隔7～10天喷洒1次,连续喷3次。

7. 大白菜根肿病

根肿病只危害十字花科蔬菜。近年来,大白菜产区此病发展很快,危害面积逐年扩大,是国内重要检疫病害。我国各地均有不同程度的发生。危害大白菜、甘蓝、芥菜、油菜、萝卜、小白菜、红菜薹、榨菜和芜菁等多种蔬菜作物。

【危害症状】 病株地下部分主根、侧根和须根形成大小不等的肿瘤。主根肿瘤大如鸡蛋,数量少;侧根肿瘤很小,有圆筒形、手指形或天冬根形;须根肿瘤往往成串,极小,数目多至20余个。肿瘤表面由光滑变粗糙,进而龟裂,凸凹不平,后常因杂菌感染而腐败发臭。病株地上部生长缓慢,植株矮小,叶片萎蔫,严重时植株枯死。

【病 原】 由芸薹根肿菌寄生引起,属鞭毛菌亚门真菌。

【发病规律】

(1)传播方式 病菌休眠孢子囊在混入土中的病根残留物上或未腐熟的农家肥里越冬、越夏,休眠孢子囊抗逆性很强,可在土中存活6～7年。通过带菌土壤、肥料、种子、灌水、害虫及农事操作传播。病根受病菌刺激使薄壁细胞大量分裂,体积增大,形成肿瘤。

(2)发病条件 孢子囊萌发及入侵均需适宜的潮湿和酸性条件。酸性土,土壤湿度高,土温为19℃～25℃,酸性土壤含菌量高,易发病。土壤含水量在45%以下,病菌开始死亡;土壤pH为7.2以上,发病逐渐减少。

【防治方法】

(1)实施检疫 本病仅在部分省局部地区发生。要严格执行检疫法规,控制疫区外调蔬菜和种苗,以保护无病区。

(2)加强栽培管理 与非十字花科蔬菜实行4～5年间隔轮

作。择晴天定植,并结合移栽剔除病弱苗,拔除田间病株并进行处理,均有防病作用。

(3)调整土壤酸碱度 在定植前 7～10 天,每 667 平方米撒熟石灰粉 75～100 千克于土表,而后耙地做畦,调节土壤酸碱度至弱碱性,以抑制病菌发展。在白菜发病初期,用 15％石灰乳液灌根,每株灌 0.3～0.5 千克,也可达到同样效果。

(4)药剂防治 播种前 15 天,每 667 平方米施 40％五氯硝基苯 2～3 千克,实行土壤消毒。有少数病株时,用 40％五氯硝基苯 800～1 000 倍液灌根,每株灌药液 250 毫克,有防病作用。

8. 大白菜干烧心病

大白菜干烧心病又名干心病,各地较普遍发生。该病已成为大白菜主产区的重要病害,一般病株率为 10％～20％,严重地块可高达 80％以上。类似的症状在甘蓝、花椰菜、叶用莴苣等蔬菜上有发展趋势。

【危害症状】 大白菜莲座期和包心初期发病,叶片边缘出现水渍状、淡黄色、透明症状,叶缘向内卷曲。随着病情的发展,有时半张叶片呈水渍状,黄色,透明,叶脉黄褐色,最终叶片干枯,叶柄上产生黑褐色条斑。主根有时腐烂,但无恶臭味。受害叶片多在叶球的中部,往往隔几层健壮叶片出现 1 张病叶,严重影响白菜品质。贮藏期病情可继续发展。

【病 原】 由于缺乏钙素引起的生理病害。

【发病规律】 大白菜结球期生长量约占植株总量的 70％,对钙素反应最敏感。当环境条件不适宜,造成土壤中可溶性钙的含量下降,植株对钙的吸收和运输受阻,而钙素在菜株内移动性差,外叶积累的钙不能被心叶所利用,致使叶球缺钙而显症。连年施用化学肥料,尤其是偏施氮肥,忽视有机肥料的应用和磷、钾肥的配合,致使土壤的理化性质改变,土壤板结,渗透性差,影响白菜根部对营养和水分的吸收。在缺雨或浇水不及时的季节,发病尤重。

【防治方法】

(1)选用抗(耐)病品种　要因地制宜,以窖藏菜为主的地区更应注意品种选择。

(2)科学施肥,合理浇水　应从根本上改变土壤的理化性质入手,施用腐熟的厩肥或堆肥作底肥,若能掺入一定量的磷肥,则对白菜的生长更有利。施追肥时,可用尿素代替硫酸铵。播种时要浇透底水,缩短蹲苗期,尤其在出苗期要做到小水勤浇,"三水"齐苗,勿使土壤板结或出现忽干忽湿现象,以提高幼苗的免疫力。对酸性土壤可适当增施石灰,调节酸碱度成中性,以利于根系对钙的吸收。

(3)补施钙素　在大白菜莲座末期,向心叶撒施 1 次钙粒肥(含 8％氯化钙)或颗粒肥(含 6.7％钙)或协合效应元素,每株施 3～4 克。也可从莲座中期开始对心叶喷施 0.7％氯化钙加 50 毫克/千克萘乙酸混合液,每 7～10 天喷 1 次,连续喷洒 4～5 次,均有一定防效。

9. 甘蓝黑腐病

甘蓝黑腐病为甘蓝主要病害之一,全国各产区均有发生,主要危害甘蓝和大白菜,也危害萝卜、花椰菜、青菜、球茎甘蓝、芜菁、芥菜等蔬菜。

【危害症状】　幼苗和成株均可发病。子叶期发病形成水渍状病斑,根髓部变黑而死亡。成株期多从下部叶片开始发病,形成叶斑或黄脉。病斑由叶缘向内呈"V"字形扩展,坏死面较大,呈黄褐色。病斑边缘浅黄色,与健康组织没有清晰的界限。病部叶脉黑色坏死,病菌沿叶脉和叶柄向基部和根茎蔓延时形成网状脉。大白菜菜帮感病后呈淡褐色干腐,使叶片扭曲或干枯,甚至层层脱落。此病有时与软腐病同期发生,引起整株腐烂。

【病　原】　甘蓝黑腐病黄单胞杆菌侵染所致的细菌病害。

【发病规律】

(1)传播方式　病菌在种子内或采种株上及土壤病株残体内越冬，一般可存活 2～3 年。病菌通过种子、采种株和雨水、灌溉水、农具及媒介昆虫传播，由水孔或伤口侵入寄主。

(2)发病条件　病菌生长适温为 25℃～30℃，致死温度 51℃持续 10 分钟，比较耐干燥。病害多在春、秋雨季发生。如果育苗期间气温偏高多雨，苗期和定植后发病重；成株期多雨或多大雾，危害也重。另外，与十字花科蔬菜连作，早播，管理粗放，虫害较重等，均有利于发病。

【防治方法】

(1)选用无病种子　从无病田或无病株上采种。种子消毒可用 55℃温水浸种 20～30 分钟，或用 45％代森铵水剂 200 倍液浸种 15 分钟，取出冲洗后播种。或用相当于种子重量 0.4％的 50％琥胶肥酸铜可湿性粉剂拌种。

(2)加强栽培管理　重病区与非十字花科蔬菜实行 2～3 年轮作。适时播种，合理浇灌，及时防治虫害，收后清洁菜园，以减少病原，降低发病。

(3)药剂防治　发现病害要及时喷洒 45％代森铵 800 倍液，硫酸链霉素或 72％农用链霉素 100～200 毫克/千克，或新植霉素 200 毫克/千克、氯霉素 50～100 毫克/千克、50％琥胶肥酸铜可湿性粉剂 1 000 倍液，或 60％琥·磷酸铝可湿性粉剂 1 000 倍液，每隔 7～10 天喷 1 次，连喷 3～4 次。

10. 甘蓝黑根病

甘蓝黑根病又称叶枯病、叶腐病，是甘蓝苗期主要病害之一。该菌寄主范围广，一旦进入菜田，较难根治。

【危害症状】　主要危害幼苗的根部。植株染病后根变细、发黑,有时表面有少量白色丝状物,植株地上部萎蔫,严重时死亡。

【病　原】　由立枯丝核菌侵染所致,属半知菌亚门真菌。

【发病规律】

(1)传播方式　病菌主要以菌核在土中越冬。在田间,病菌主要靠接触传染,即植株的根、茎、叶接触病土时,便会被土中的菌丝侵染。在有水膜的条件下,与病部接触的健叶即染病。此外,种子、农具及带菌粪肥等都可使病害传播蔓延。

(2)发病条件　菌丝生长温度为6℃～40℃,适温为20℃～30℃,尤以25℃～30℃生长最快。菌核萌发和侵入需要高湿度。不利于寄主生长的过高或过低土温,黏重而潮湿的土壤,均有利于发病。

【防治方法】　①苗床土壤消毒。②实行种子消毒。使用相当于种子重量0.3%的50%福美双可湿性粉剂或60%代森锌可湿性粉剂拌种。③发病初期,喷洒75%百菌清可湿性粉剂800倍液,或甲基立枯磷乳油1 200倍液,或铜氨混合剂400倍液。

11. 甘蓝黑胫病

甘蓝黑胫病,别名根朽病,属土传病害。此病除危害甘蓝外,还在白菜、油菜、花椰菜、芜青、萝卜、结球甘蓝、芥蓝和芹菜等蔬菜上发生。

【危害症状】　苗期和成株期均可发病,主要危害茎和叶片。苗期在子叶、真叶和幼茎上产生浅褐色或灰白色病斑,圆形或椭圆形,其上散生黑色小粒点,为分生孢子器。幼茎上的病斑稍微凹陷。重病苗很快枯死。轻病苗症状不易被发现,可能造成植株带病定植,引起成株受害。成株期叶部病斑与苗期相同,并在主根和侧根上生紫黑色条斑,使根部发生腐朽,或从病茎处折倒。发病重时植株外部叶片产生带有黑粒点的病斑,或变黄后凋萎。

【病　　原】　由黑胫茎点霉侵染引起的真菌病害。

【发病规律】

(1)传播方式　病原菌以菌丝体在种子、土壤及农家肥中或十字花科蔬菜留种株上越冬。菌丝体在种子里可存活3年,在土中可存活2～3年。越冬菌源翌年条件适宜,可形成孢子器,散出大量分生孢子,由雨水或昆虫传播。种子带菌由幼苗子叶直接侵染,引起发病。病菌孢子在水中萌发经由自然孔口和伤口侵入寄主薄壁组织进入维管束,使维管束变黑。

(2)发病条件　分生孢子产生的适宜温度为20℃左右,菌丝生长最适温度为25℃。苗期环境潮湿发病重;成株期多雨、潮湿、闷热或降雨后气温高,均容易引起病害流行。多发生在高温、高湿的地区和季节,苗期和成株期均可受害,严重时引起死株,影响产量。

【防治方法】

(1)实行轮作和间作　与非十字花科蔬菜进行2～3年轮作,或与大田作物间作,可使该病发生较轻。

(2)选用无病种子和种子处理　设无病留种田,采收无病种子,或用50℃温水浸泡种子20分钟灭菌。也可用相当于种子重量0.4%的50%福美双或琥胶肥酸铜可湿性粉剂拌种。

(3)土壤处理　每平方米用40%福美双可湿性粉剂或40%五氯硝基苯粉剂8～10克药剂掺拌细干土30～40千克,播种时撒于床面。

(4)药剂防治　初发病即及时喷药,喷洒75%百菌清可湿性粉剂600倍液,或40%多硫悬浮剂600倍液及60%多·福可湿性粉剂600倍液等,每隔7～10天喷1次,喷1～2次。

12. 甘蓝菌核病

甘蓝菌核病又称菌核性软腐病或白腐病,南北方均有发生。甘蓝生长期受害严重,白菜和十字花科其他蔬菜采种株也受侵染危害。此病还危害菜豆、番茄、辣椒、莴苣、洋葱、胡萝卜、菠菜、黄瓜、豌豆、蚕豆、马铃薯等蔬菜。

【危害症状】　幼苗感染后在地表面茎部，出现水渍状病斑，很快坏腐或引起猝倒。包心期受害，在近地面的菜帮和茎基部产生水渍状凹陷病斑，开始呈淡褐色，后变褐色或灰白色，病部腐烂。采种株受害普遍且严重。根茎基部、叶柄和荚产生黄褐色病斑，逐渐变灰白色，甚至腐烂，引起茎部中空或由病部折倒。花梗感病后长出白色菌丝并发生水腐，致使种荚不能正常结籽或不结实。环境潮湿时，病部长出白色茸毛和黑褐色的鼠粪状菌核。

【病　　原】　由核盘菌寄生引起的真菌病害。

【发病规律】

(1)传播方式　病菌主要以菌核在病株残体内或脱落在土壤中以及混杂在种子里越冬、越夏。菌核遇降雨或灌水开始萌发，产生菌丝或子囊盘和子囊孢子，直接传播或随风雨传播。田间由病株产生的菌丝接触健株后，进行再侵染和扩大蔓延。

(2)发病条件　在潮湿条件下，菌核萌发和子囊盘形成的最适温度为15℃，子囊孢子侵入寄主及菌丝生长以20℃最为适宜。连绵阴雨，空气相对湿度在80%以上，有利于病菌的生长和传播。在低温潮湿时发病重。偏施氮肥、地势低注、排水不良均有利于发病。

【防治方法】

(1)选用无病种子和进行种子处理　设无病留种地或无病采种株，防止种子混杂菌核。发现种子混杂菌核，可用10%盐水漂洗，汰除杂物后用清水洗种，晾干播种。

(2)加强栽培管理　与非十字花科作物进行2～3年轮作，与水田轮作最好。施足基肥，合理施用氮肥，小水勤浇，有利于提高地温，减少发病。

(3)实施药剂防治　从发病初期开始喷50%腐霉利可湿性粉剂2 000倍液，或40%菌核净可湿性粉剂1 000倍液，或50%多菌灵、甲基异菌灵可湿性粉剂 500～800 倍液,或 50％异菌脲可湿性粉剂 1000 倍液,或 50％氯硝铵可湿性粉剂 800 倍液。每隔 7～10 天喷 1 次药,连喷 2～3 次,每 667 平方米用药液 60 升左右。

13. 甘蓝软腐病

【危害症状】 受害部位开始呈浸润半透明状,后病部变褐、软腐、下陷,溢出污白色细菌脓液,触摸有黏滑感,有恶臭味。发病初期,中午病株表现萎蔫,早晚可恢复。随着病情发展,萎垂的外叶不再恢复,使叶球外露。叶茎部和根茎处心髓组织完全腐烂,充满灰黄色黏稠物,臭气四溢。有的病株先从外叶边缘和心叶顶端开始腐烂,逐渐向植株下部蔓延,最后也造成烂疙瘩。

【病　原】 胡萝卜软腐欧文氏菌胡萝卜软腐致病型,属细菌。

【发病规律】

(1)传播方式　病菌主要在病株和病残体组织中越冬,可存活很长时间。翌年通过昆虫、雨水和浇水传播,病菌从伤口侵入寄主。由于寄主范围广,所以能从春到秋,在各种蔬菜上繁殖危害,最后传到甘蓝等保护地蔬菜上危害。

(2)发病条件　病菌在 5℃～39℃均可生长,最适温度为 25℃～30℃。播种早,地势低洼,施用的肥料未腐熟,连作地以及地老虎、菜青虫的为害,均会加重发病。

【防治方法】 ①选用抗病品种和种子处理。②农业防治。合理轮作,与韭菜或葱间作;采用高畦或半高畦栽培,畦间开深沟排水,避免种植在低洼地;施足基肥,肥料应充分腐熟;防止大水漫灌,及时消灭害虫,减少伤口,防止病菌入侵。发现病株立即拔除或深埋,病穴应撒石灰粉消毒,并填土压实。③药剂防治。发病前或发病初期,可喷农用链霉素 200 毫克/千克或新植霉素 200 毫克/千克溶液,并结合灌根处理,以提高防效。

14. 萝卜病毒病

【危害症状】　轻病株心叶表现明脉、皱缩,呈花叶型,虽然没有明显的矮化现象,也能抽薹,但是结实不饱满。重病株畸形严重,矮化明显,造成产量损失。

【病　　原】　主要由芜菁花叶病毒和黄瓜花叶病毒侵染所致。

【发病规律】

(1)传播方式　病毒主要在种株和宿根植物上越冬。以蚜虫或汁液接触传播。春季在十字花科蔬菜上传播,经夏甘蓝传到秋白菜、萝卜上,呈链状传播。

(2)发病条件　高温干旱,蚜虫多,植株抗病力差,发病重。

【防治方法】

(1)农业防治　选用抗病品种,加强苗期管理,适时灌溉,灌溉后及时进行浅中耕,促进植株发育,以提高抗病性;结合间苗、定苗,拔除病、弱苗。苗期可用银灰色反光塑料膜驱蚜。

(2)药剂防治　发现蚜虫及时选用40%乐果乳油1 000～2 000倍液,50%马拉硫磷乳油1 000倍液,80%敌敌畏乳油1 000倍液喷雾。田间初见病毒病,及时选喷83增抗剂100倍液,20%盐酸吗啉胍·铜可湿性粉剂500倍液,1.5%植病灵乳剂1 000倍液。每8～10天喷1次,连喷3次左右。

15. 萝卜黑腐病

【危害症状】　叶片多自叶缘开始发病,自叶脉先端向内和两侧扩展,形成"V"字形黄褐色病斑,叶脉坏死变黑。肉质根往往外表正常,内部维管束变黑。严重时内部组织干缩,变成空心。

【病　　原】　野油菜黄单胞杆菌,野油菜致病型,属细菌。

【发病规律】

(1)传播方式　病菌存留在种子上或随病残体遗留在田间越

冬。在田间,病菌通过灌溉水、雨水及虫伤或农事操作造成的伤口传播蔓延。从叶缘处水孔或叶面伤口侵入,进入维管束组织扩展。

(2)发病条件　发病适温为25℃~30℃。连作、地势低洼、灌水过量、田间潮湿、肥料少或未腐熟及人为伤口和虫伤多,发病重。

【防治方法】

(1)种子处理　用50℃温水浸种20分钟,浸后立即放入冷水中冷却,晾干后播种。或用相当于种子重量0.2%的50%福美双可湿性粉剂拌种。

(2)加强管理　深翻土壤,掩埋病残体以促使腐解;合理施肥、灌水;及时防治害虫。在有条件的地方,实行与非十字花科蔬菜轮作1~2年。

(3)药剂防治　发病初期,选喷72%农用硫酸链霉素可溶性粉剂、新植霉素3 000~4 000倍液,14%络氨铜水剂350倍液。每7~10天喷1次,连续喷2~3次。

16. 萝卜根肿病

【危害症状】　该病危害根部形成肿瘤。发病初期病株生长迟缓、矮小,基部叶片常在中午萎蔫,早晚恢复,后期基部叶片变黄、枯萎,有时整株枯死。植株受侵染愈早,发病愈重。

【病　原】　由芸薹根肿菌侵染所致,属鞭毛菌亚门真菌。

【发病规律】

(1)传播方式　病菌主要以休眠孢子囊随病残体遗留在土壤中越冬越夏。病残体、未腐熟的厩肥、土壤等都能带菌,成为田间发病的初侵染源。依靠病残根或带菌泥土的远距离转运传播,田间也有可能由休眠孢子囊粘附在种子表面上传播。

(2)发病条件　酸性土壤适合于病菌的侵入发育,当土壤pH值为5.4~6.5时,发病重;pH值为7.2以上时,一般发病较轻。土壤温、湿度与发病的关系也很密切,尤以土壤湿度影响更大。土壤含水量在 45％ 以下,病菌容易死亡,发病轻;土壤含水量在 50％~98％ 时均能发病,但以含水量为 70％~90％ 时发病重。发病的最适温度为 18℃~25℃。

【防治方法】

(1)农业防治 整地时,每 667 平方米施生石灰 100 千克左右,将土壤酸碱度调整为微碱性。起垄栽培,合理密植,重施基肥,特别注意增施磷、钾肥和有机肥,以增强植株抗病能力;合理灌水,降低田间湿度。

(2)药剂防治 病区播前用相当于种子重量 0.3％ 的 40％ 五氯硝基苯粉剂拌种,每 667 平方米也可用 40％ 五氯硝基苯粉剂 3~4 千克与 40~50 千克干细土混匀撒在播种沟或定植穴内再播种。也可用 40％ 五氯硝基苯粉剂 500 倍液灌根,每株用药液 0.4~0.5 千克。

第二节 虫 害

1. 菜 蚜

为害十字花科蔬菜的蚜虫统称为菜蚜,包括桃蚜、萝卜蚜和甘蓝蚜 3 种,均属同翅目蚜科,俗称腻虫、蜜虫等。萝卜蚜和甘蓝蚜主要为害十字花科蔬菜,前者喜食叶面毛多而蜡质少的蔬菜,如白菜、萝卜;后者偏嗜叶面光滑蜡质多的蔬菜,如甘蓝、花椰菜。桃蚜除为害十字花科植物外,还为害番茄、马铃薯、辣椒、菠菜等蔬菜及多种果树、花卉。

菜蚜在菜叶上刺吸汁液造成叶片卷缩变形,影响包心;大量分泌蜜露污染蔬菜,诱发煤污病;同时为害留种植株嫩茎叶、花梗及嫩荚,使之不能正常抽蔓、开花和结实。此外,菜蚜还传播多种病毒病,给作物所造成的危害远大于蚜害本身。

【形态特征】

(1)无翅胎生雌蚜 桃蚜体长约 2 毫米。体绿色,有时为黄色和樱红色。腹管长为尾片的 2.3 倍,尾片绿色有 3 对侧毛。萝卜蚜体长约 1.8 毫米,呈卵形。全体黄绿色或稍覆白色蜡粉,体背各节有浓绿色横纹。腹管短,末端达尾片基部,尾片有 2 对侧毛。甘蓝蚜体长约 2.5 毫米,全体暗绿色覆明显的白色蜡粉。腹管长于尾片,尾片有 2～3 对侧毛。

(2)有翅胎生雌蚜 体长 1.6～2.2 毫米(图 8-1)。

图 8-1 桃 蚜

1. 有翅胎生雌蚜 2. 无翅胎生雌蚜

【生活习性】 在华北北部 1 年发生 10 余代,繁殖力极强,世代重叠极为严重。以无翅胎生雌蚜或卵在风障菠菜、窖藏白菜、萝卜、甘蓝或温室内越冬为主。主要靠有翅蚜迁飞扩散和传毒,在田间各季蔬菜上发生时均有明显的点片阶段,病毒随蚜虫从夏菜及其他寄主上传到秋菜。在春末夏初和秋季形成为害高峰期。

【防治方法】

(1)农业防治 夏季采取少种十字花科蔬菜以及结合间苗、清洁田园,借以减少部分蚜源和毒源。

(2)物理防治 苗床四周铺宽约 15 厘米的银灰色薄膜,苗床上方挂银灰色薄膜条,可避蚜、防病毒病。在菜田间隔铺设银灰色膜条,可减少有翅蚜迁入传毒。

(3)药剂防治 每667平方米用50%抗蚜威可湿性粉剂或水分散粒剂10～18克对水30～50升喷雾,对菜蚜有特效且不杀伤天敌、蜜蜂。其他常用药剂有50%马拉硫磷乳油、50%二嗪农乳油、25%喹硫磷乳油各1000倍液及40%乐果乳油1000～1500倍液。菜蚜对拟除虫菊酯类易产生抗药性,应慎用或与其他农药如乐果混用。常用药剂还有2.5%溴氰菊酯(敌杀死)乳油或20%氰戊菊酯、氰戊菊酯乳油3000倍液,10%氯氰菊酯乳油2000～4000倍液。每667平方米保护地可选用22%敌敌畏烟剂0.5千克,于傍晚收工前密闭棚室熏烟,省工高效。

2. 菜 蛾

菜蛾又称小菜蛾,幼虫称小青虫、吊死鬼、扭腰虫,属鳞翅目菜蛾科。全国各地均有发生,但以南方各地为害严重,为十字花科蔬菜的主要害虫。主要为害甘蓝、花椰菜、球茎甘蓝、白菜、萝卜和油菜等,还可为害番茄、马铃薯、姜、葱、洋葱等。

以幼虫为害叶片,低龄时取食叶肉,仅留下一层表皮,俗称“开天窗”。3～4龄幼虫将叶片咬成许多小孔,严重时将菜叶吃成网状。该虫有集中为害菜心的习性,使白菜、甘蓝等叶菜类的生长发育发生严重障碍,不能包心结球。幼虫咬食留种株的嫩茎、幼荚和籽粒,造成孔洞,影响结实。

【形态特征】

(1)成虫 为灰黑色小蛾,体长6～7毫米,翅展12～16毫米。前后翅狭长而尖,缘毛很长,前翅中央有1条三度弯曲的浅色波状带。静止时两翅叠起呈屋脊状,两翅结合处有3个连串的黄褐色斜方块。翅尖翘起如鸡尾状。

(2)卵 长约0.5毫米,宽0.3毫米,椭圆形。初产时乳白色,后变淡黄绿色,有光泽。

(3)幼虫 纺锤形,老熟幼虫体长约10毫米,头黄褐色,胸腹部绿色,臀足后伸超过腹部末端。

(4)蛹 长5～8毫米,外有灰白色网状薄茧,呈纺锤形,多附着在叶片上(图8-2)。

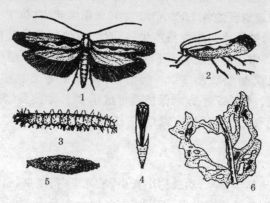

图 8-2 菜 蛾

1～2. 成虫 3. 幼虫 4. 蛹 5. 茧 6. 叶片被害状

【生活习性】 菜蛾在华北1年发生5～6代,世代重叠严重。在北方以蛹越冬,越冬蛹于翌年5月羽化。卵多产于寄主之叶背脉间凹陷处,卵散产或数粒在一起,每头雌蛾平均产卵约200粒,卵期3～11天。幼虫共4龄,幼虫期12～27天。老熟幼虫在叶背面或枯草上做薄茧化蛹,蛹期5～6天。成虫昼伏夜出,有趋光性。幼虫较活跃,遇惊扰即扭动、倒退或翻滚落下。

菜蛾发育最适温度为20℃～30℃,因此,春、秋两季的气温最适合其生育。在南方每年3～6月份和8～11月份出现两次为害盛期,秋季重于春季。但在北方5～6月份的春菜比8～9月份的秋菜受害严重。易产生抗药性。

【防治方法】

(1)农业防治 合理轮作或间作,实行与非十字花科蔬菜轮作,与番茄间作,可抑制小菜蛾发生。十字花科蔬菜收获后,及时清洁田园,将温室中的残株落叶带出棚外深埋或烧毁;露地应铲除田间杂草,可减少成虫产卵场所和幼虫食料。

(2)诱杀成虫　①黑光灯诱杀。成片菜田每 667 平方米安装 20 瓦黑光灯 1 盏,高于地面 33 厘米左右,在菜蛾发生期间连续诱杀,可消灭大量菜蛾及其他害虫。②性诱剂诱杀。每个诱芯含人工合成的性诱剂 50 微克,穿铁丝吊在水盆上方,距水面 1 厘米,每盆诱蛾半径可达 100 米,有效诱蛾期在 1 个月以上。在小菜蛾种群密度较低的情况下,有较好的控制作用。每月更换 1 次,注意捞起死虫。此法大面积连片应用,可杀死大量雄蛾,使雌蛾产下的卵无效。

(3)生物防治　在成虫产卵高峰期,如果气温在 20℃以上,可用以下药物防治:①选用苏云金杆菌乳剂或可湿性粉剂、杀螟杆菌或青虫菌粉(含孢子量 100 亿个/克以上),稀释 500～800 倍液喷雾。或每 667 平方米用效价为 5 000 单位/毫克的苏云金杆菌乳剂 50 毫升喷雾。②喷植物性杀虫剂 5%鱼藤酮 200～300 倍液。

(4)药剂防治　在卵孵化高峰期至 2 龄幼虫盛期前施第一遍药,以后每 5 天左右喷 1 次,连喷 2～3 次,并应不同农药交替使用,以延缓抗药性的产生。可选用 50%辛硫磷乳油、50%杀螟松乳油、50%二嗪农乳油、2.5%溴氰菊酯乳油、40%菊·马乳油 2 000～3 000 倍液,2.5%三氟氯氰菊酯乳油、2.5%联苯菊酯乳油、21%增效氰·马乳油 2 000～3 000 倍液喷雾。如小菜蛾对上述药剂产生较强的抗性,可选用 5%定虫隆乳油、5%氟虫脲乳油、5%农梦特乳油各 1 000～2 000 倍液,或 25%灭幼脲悬浮剂 500～800 倍液喷洒,使幼虫不能正常蜕皮而死亡。上述药剂与苏云金杆菌乳剂等生物农药一样,要比普通化学农药提前 2～3 天使用,幼虫在喷药后 3～4 天大量死亡。这几种药剂具有高效、对环境天敌安全等优点,在主要为害世代使用,每茬蔬菜只用 1 次,或同一地区全年不超过 2 次。

3. 菜 粉 蝶

菜粉蝶又称白粉蝶、菜白蝶。其幼虫称菜青虫,属鳞翅目粉蝶科。全国各地均有发生。喜食甘蓝类蔬菜叶片,也可为害白菜、萝卜等十字花科蔬菜。以1~2龄幼虫啃食叶肉,3龄以上的幼虫可将叶片咬成孔洞和缺刻,轻则影响包心,重则将叶片吃光,只剩叶脉和叶柄,使幼苗整株死亡。幼虫排出的粪便污染叶球和叶片,遇雨可引起腐烂。

【形态特征】

1. 成虫 为白色粉蝶,体长12~20毫米,翅展45~50毫米。前翅基部灰黑色,顶角有1个三角形黑斑,下方有2个黑色圆斑。后翅前缘离翅基2/3处有一黑斑。

(2)卵 似瓶形,长约1毫米,表面有许多较规则的纵横凸纹。初产时淡黄色,后变为橙黄色。

(3)幼虫 老熟时体长28~35毫米,青绿色;背面密生细茸毛和细小黑色毛瘤,体侧沿气门线有黄色斑点1列。

(4)蛹 体长18~21毫米,纺锤形,两端尖细。头部前端中央有一管状突起,体背有3条纵脊。体色有绿、灰黄、灰褐等色,随环境而异。尾部和腰间用丝连在寄主上(图8-3)。

【生活习性】 菜粉蝶1年发生代数由北向南逐渐增加,黑龙江3~4代,辽南及华北北部4~5代,江南各地7~9代。越冬蛹大多在菜地附近墙壁、屋檐下或篱笆、风障、树干、砖石或杂草等处越冬。江南各地越冬蛹,于翌年2月中旬至3月中旬、北方从4月中旬到5月中旬开始陆续羽化。由于越冬场所条件不同,羽化期长达1~2个月,造成世代重叠,给防治工作带来困难。成虫具日出性,晴朗无风的白天中午活动最盛。选择在含芥子油糖苷的甘蓝、花椰菜等十字花科蔬菜上产卵。卵期3~8天。幼虫多在清晨孵化,先吃卵壳,再啃食叶肉。幼虫共5龄,1~3龄食叶量约占

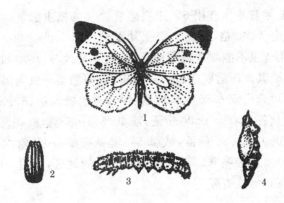

图 8-3　菜 粉 蝶

1. 成虫　2. 卵　3. 幼虫　4. 蛹

3％,4 龄约占 13％,5 龄进入暴食期,约占 84％。幼虫期 11～22
天,老熟幼虫多在叶背化蛹。除越冬滞育蛹外,蛹期为 5～16 天。
菜青虫发育的最适温为 20℃～25℃,空气相对湿度为 76％左右,
与十字花科蔬菜适宜栽培的气象条件一致。东北 7～9 月,华北 5
月中旬至 6 月和 8 月中下旬至 9 月为盛发期;江南各地则以春末
夏初和秋末冬初为害严重。盛夏时由于气象、寄主及天敌因素的
综合作用,使其发生数量显著下降。

【防治方法】　在加强农业防治的基础上,当田间多数幼虫处
在 3 龄以前时施药是防治的关键。

(1)农业防治　合理布局,尽量避免十字花科蔬菜连作。收菜
后及时清洁田园可减少虫源。

(2)生物防治　每 667 平方米用苏云金杆菌乳剂、复方苏云金
杆菌乳剂、杀螟杆菌或青虫菌粉(含活孢子量 100 亿个/克以上)对
水 800～1 000 倍防治,或用效价为 5 000 单位/毫克的苏云金杆菌
乳剂 50 毫升,在气温为 20℃以上时喷施,具有效果好、无公害、不
杀伤天敌等优点。

（3）化学防治　选用5％定虫隆乳油、5％氟虫脲乳油、5％农梦特乳油各4 000倍液，或25％灭幼脲悬浮剂500～1 000倍液喷雾，可使菜青虫不能顺利蜕皮而致死，具有高效、对环境和天敌安全的特点。其施药适期应较一般有机磷、菊酯类杀虫剂提早3天左右。还可选用50％辛硫磷乳油、50％杀螟松乳油、50％杀螟丹可湿性粉剂各1 000～1 500倍液，或40％菊·杀乳油、40％菊·马乳油各2 000～3 000倍液，或2.5％溴氰菊酯、20％氰戊菊酯各2 000～4 000倍液喷雾。不常使用敌百虫的地区，可用90％敌百虫晶体1 000倍液喷雾。

4. 甘蓝夜蛾

甘蓝夜蛾俗名甘蓝夜盗虫，属鳞翅目夜蛾科。该虫在国内各地均有发生，以东北、西北、华北地区为害较重。此虫是多食性害虫，主要寄主有甘蓝、白菜、萝卜、油菜、豆类、茄果类、瓜类等蔬菜及其他农作物，在甘蓝、甜菜产区可猖獗为害。幼虫食叶，严重时仅留叶脉或叶柄，并能钻入叶球，排出粪便引起蔬菜腐烂。

【形态特征】

（1）成虫　体长15～25毫米，灰褐色。前翅从前缘向后缘有许多不规则的黑色曲纹，亚外缘线白色，内横线和亚基线为黑色波状双线；肾形斑和环形斑明显，肾形斑外缘白色，环形斑内下方有一楔形斑。

（2）卵　半球形，底径0.6～0.7毫米，表面有放射状3序纵棱，棱间有一列凹横带，隔成方格。初产时为黄白色，孵化前为紫黑色。

（3）幼虫　体色变化较大，1～2龄时有2对腹足，3龄后4对。老熟幼虫体长约40毫米，体上各节有1对倒"八"字纹。

（4）蛹　赤褐色至浓褐色，臀棘末端生两根长刺，端部膨大（图8-4）。

图 8-4　甘蓝夜蛾

1. 成虫　2. 幼虫

【生活习性】　黑龙江 1 年发生 2 代,华北地区 1 年发生 2～3 代,四川、重庆 3～4 代,多以蛹在 7～10 厘米土层越冬,翌年气温 15℃～16℃时即羽化出土。山东 6～7 月份、东北 8～9 月份、湖南、四川 4～5 月份和 9～10 月份为幼虫盛发期。成虫昼伏夜出,以夜间 21～23 时为活动最盛期,对糖蜜趋性强,选择在生长势强的植株上集中产卵。卵多产在叶背,呈块状,每雌可产卵 4～5 块,500～1 000 粒。在适温下卵期为 4～5 天。幼虫共 6 龄,初龄幼虫群居于叶背,将叶片吃成"窗纱状";5～6 龄为暴食期,其食量约占幼虫期的 80%。其生长发育最适宜温度为 18℃～25℃。在春、秋季雨水较多的年份为害重,具有间歇性大发生和局部成灾的特点。

【防治方法】

(1)农业防治　采用清除杂草、秋翻冬耕等措施消灭部分越冬蛹,并结合田间作业摘除卵块以及带有低龄幼虫的"窗纱状"被害叶。

(2)诱杀成虫　在成虫发生期,可用糖醋盆诱杀成虫。糖、醋、酒、水的比例为 3:4:1:2,加入少量敌百虫。春季结合诱杀小地老虎成虫进行。

(3)生物防治　在卵期释放赤眼蜂,每 667 平方米 6～8 个放蜂点,每次释放量 2 000～3 000 头,每隔 5 天放 1 次,共放 2～3 次。卵寄生率可达 80% 以上。

(4)药剂防治　成虫盛期后 1 周,当 1～2 龄幼虫群居时为防治适期,药剂种类参见菜粉蝶的防治。

5. 斜纹夜蛾

斜纹夜蛾又称莲纹夜蛾,属鳞翅目夜蛾科。全国各地均有发生,主要为害区是长江流域各省及河北、河南、山东等省。是一种食性很杂和暴食性的害虫。在菜田主要为害甘蓝、白菜、青菜、藕、芋、生姜、豆类、茄果类及瓜类等。幼虫取食作物叶、蕾、花及果实,大发生时可将全田植株吃成光秆并转移为害。

【形态特征】

(1)成虫 体长14～20毫米,翅展33～42毫米,体深褐色,胸部背面有灰白色丛毛。前翅灰褐色,从前缘向后缘外边有3条白色斜纹。腹部暗灰色,末端丛生长毛。

(2)卵 扁半球形,直径约0.5毫米,表面有纵横脊纹。初产时为黄白色,后变为淡绿色,近孵化时呈紫黑色。常3～4层重叠成椭圆形卵块,外覆黄色茸毛。

(3)幼虫 老熟时体长36～48毫米。体色变化较大,初孵时绿色,以后各龄颜色渐深。从中胸到腹部第九节背面各有1对半月形或三角形黑斑。

(4)蛹 体长15～23毫米,赤褐色至暗褐色,腹末端有1对短而弯曲的臀刺(图8-5)。

【生活习性】 在华北1年发生4～5代,长江流域5～6代,福建6～9代,在台湾、广东等地可全年繁殖,在北方和长江流域越冬情况不明。成虫昼伏夜出,有趋光性,对酸、甜的发酵物质有趋性。成虫补充营养后交尾产卵,卵多产在叶片背面,每头雌蛾平均产卵3～5块,每块有卵粒100～200粒。当平均温度为24℃～25℃时卵期5～6天。初孵幼虫群集在卵块附近啃食叶肉,2龄后开始分散,5～6龄为暴食期,食量占幼虫期总食量的96%。幼虫多在傍晚出来寻食为害。老熟幼虫在表土层筑土室化蛹,土壤板结时可

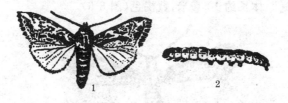

图 8-5 斜纹夜蛾

1. 成虫　2. 幼虫

在枯叶下化蛹。其发育适温较高,为 28℃～30℃。长江流域 7～9 月份、黄河流域 8～9 月份为盛发期,年份间呈间歇性大发生。

【防治方法】　参见甘蓝夜蛾的防治方法(释放赤眼蜂除外)。

6. 甜菜夜蛾

甜菜夜蛾又称白菜褐夜蛾、玉米叶夜蛾、觅菜虫,属鳞翅目夜蛾科。该虫在国内分布较广,华北各地及陕西局部地区为害较重,长江以南为害严重。属多食性害虫,对甜菜、白菜、萝卜、甘蓝、菠菜等为害较重,严重时将叶片吃成网状,还可钻蛀甜椒、番茄的果实,造成腐烂和脱落。

【形态特征】

(1)成虫　体长 10～14 毫米,体灰褐色。前翅中央近前缘外方有肾形斑 1 个,内方有茎环形斑 1 个;外缘有 1 列黑色的三角斑。后翅银白色,翅缘灰褐色。

(2)卵　圆馒头形,直径 0.2～0.3 毫米,白色。卵粒多层重叠,呈块状。

(3)幼虫　老熟时体长约 22 毫米,体色绿、黄褐或黑褐色,气门下线为明显的黄白色纵带,有时带粉红色。每体节气门后上方有一明显的白点。

(4)蛹　体长约 10 毫米,黄褐色(图 8-6)。

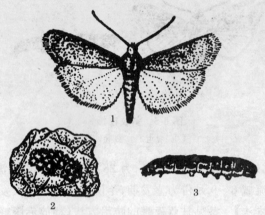

图 8-6　甜菜夜蛾
1. 成虫　2. 卵　3. 幼虫

【生活习性】　北方 1 年发生 4～5 代,浙江省 1 年 6～7 代,世代常重叠发生。江苏、陕西以北地区以蛹在土室内越冬,在亚热带及热带地区可全年繁殖。在浙江以 8 月中旬至 9 月中旬虫量最多。成虫昼伏夜出,趋光性强而趋化性弱,卵多产在叶背面、叶柄部或杂草上。每头雌蛾产卵一般为 100～600 粒,卵块呈单层或双层,卵期 2～6 天。1～2 龄幼虫群集在卵块附近,吐丝拉网,取食叶肉;3 龄后分散为害;4 龄后食量大增,昼伏夜出,有假死性。老熟幼虫入土吐丝筑室化蛹。由于幼虫、蛹抗寒力弱,各虫态耐高温力较强,故在北方越冬死亡因素制约着其发生程度及分布,呈间歇性大发生。严重为害期一般为 7～8 月份;在南方已成为常发性害虫,尤其是 7～8 月干旱、少雨年份危害严重,常和斜纹夜蛾混合发生。幼虫易产生抗药性,3 龄以后抗药性较强。

【防治方法】　晚秋初冬耕地灭蛹,人工摘除卵块、虫叶及黑光灯诱蛾,均有一定作用。目前生产上以药剂防治为主。在甜菜夜蛾发生较严重的年份,尤其要选好适合的药剂,抓住关键时期施药,防治适期为 1～2 龄幼虫盛期。药剂种类及用法参见菜粉蝶及菜蛾防治方法,应注意轮换用药。

7. 菜 螟

菜螟俗名萝卜螟、钻心虫等,属鳞翅目螟蛾科。该虫在国内分布较广,以南方各省受害严重,近年来在华北局部地区为害加重。主要为害萝卜、白菜、甘蓝、花椰菜、青菜、油菜等十字花科蔬菜,其中以秋萝卜受害最重。幼虫钻蛀取食心叶及叶片,受害幼苗因生长点被破坏而停止生长或萎蔫死亡,造成缺苗断垄。还可传播软腐病引起腐烂。

【形态特征】

(1)成虫　体长 7 毫米,体灰褐色。前翅灰褐色或黄褐色,有 3 条白色横波纹。中部有一深褐色肾形斑,周围灰白色。

(2)卵　椭圆形、扁平,长约 0.3 毫米。

(3)幼虫　老熟时体长 12～14 毫米。头黑色,身体淡黄色至黄褐色,体背有 5 条灰褐色纵纹并生有许多毛瘤及细长刚毛。

(4)蛹　体长约 7 毫米,黄褐色(图 8-7)。

图 8-7 菜 螟
1. 成虫 2. 幼虫

【生活习性】　北京、山东 1 年发生 3～4 代,上海、成都 1 年 6～7 代,广西柳州 1 年 9 代。多以老熟幼虫在避风向阳的土内做丝囊越冬。翌年春入土 6～10 厘米深做茧化蛹,少数以蛹越冬。成虫昼伏夜出,飞翔力不强。卵多散产于心叶上,平均每雌蟆产卵约 200 粒,卵期 2～5 天。初孵幼虫潜叶为害,3 龄吐丝缀合心叶并在其中取食为害,4～5 龄可由心叶或叶柄蛀入茎髓。幼虫有吐丝下垂和转移为害的习性,1 头幼虫可为害 4～5 株。老熟幼虫多在菜根附近土中化蛹。严重为害期在 8～10 月份,高温干旱年份加重。

【防治方法】

(1)农业防治　春耕翻土、清洁田园;适当调节播期,使秋菜 3～5 片真叶期错开菜蟆盛发期;秋旱年份,早晚勤浇水,促进菜苗生长;结合间苗、定植拔除虫苗。

(2)药剂防治　菜苗出土后应检查虫卵孵化情况,在幼虫孵化盛期或初见心叶被害和有丝网时,需施药 2～3 次,注意将药喷到菜心上。药剂种类及用法参见菜粉蝶防治。

8. 黄条跳甲

黄条跳甲俗名土跳蚤、地蹦子等,属鞘翅目叶甲科。在菜田中有黄曲条跳甲、黄狭条跳甲、黄宽条跳甲、黄直条跳甲 4 种,其中以黄曲条跳甲分布最广、为害最重。以为害十字花科蔬菜为主,如萝卜、白菜、油菜、芥菜、甘蓝、花椰菜等,也可为害瓜类、茄果类及豆类。成虫常成群在叶背将叶片咬成许多小孔,幼苗期受害最重,常造成缺苗断垄;对留种菜株主要为害花蕾和嫩荚。幼虫只为害菜根,可传播软腐病。现以黄曲条跳甲为例介绍如下。

【形态特征】

(1)成虫　体长约 2 毫米,黑色有光泽,前胸背板及鞘翅上有许多点刻,排成纵行;鞘翅中央有一条黄色纵斑,两端大,中央窄。后足腿节膨大。

(2)卵　椭圆形,长约 0.3 毫米,淡黄色,半透明。

（3）幼虫　体长约 4 毫米，长圆筒形，黄白色。腹部末端有 1 对叉状突起（图 8-8）。

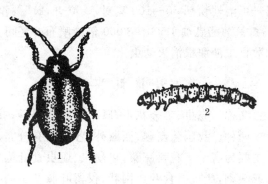

图 8-8　黄曲条跳甲
1. 成虫　2. 幼虫

【生活习性】　在华北地区 1 年发生 4～5 代，华东地区 1 年 4～6 代，华中地区 1 年 5～7 代，华南地区 1 年 7～8 代。各地均以春、秋两季为害较重，北方秋季重于春季。以成虫在落叶、杂草中潜伏越冬。长江以南地区天气转暖时可活动取食，华南地区全年可以繁殖。翌年春气温达 10℃ 以上时，北方成虫开始取食；达 20℃ 时，食量大增。成虫性活泼、善跳跃，高温时还能飞翔，有趋光性。成虫寿命长，产卵期达 30～45 天，造成世代重叠、发生不整齐。卵散产于植株周围湿润的土隙中或细根上，不同世代成虫产卵量差异很大，平均每雌虫产卵 200 粒左右，卵期 3～9 天，卵孵化要求湿度很高。幼虫期 11～16 天，共 3 龄，栖息土中剥食根皮，老熟幼虫在 3～7 厘米深的土中筑土室化蛹。

【防治方法】

（1）农业防治　清除菜地残株落叶，铲除杂草；播前深耕晒土，造成不利于幼虫发育的环境并消灭部分蛹；移栽时选用无虫苗等。

（2）药剂防治　苗期防治成虫，每 667 平方米可选用 80% 敌百虫可溶性粉剂或 80％敌敌畏乳油各 1 000 倍液,50％辛硫磷乳油 2 500 倍液,50％马拉松乳油或 5％鱼藤酮乳油各 1 000 倍液,50％杀螟丹可溶性粉剂 50～100 克对水 50 升,2.5％溴氰菊酯乳油或 10％氯氰菊酯乳油 1 500～3 000 倍液喷布。还可用辛硫磷、敌敌畏和敌百虫液灌根消灭幼虫。

9. 猿叶虫

猿叶虫又称乌壳虫、菜金花虫,属鞘翅目叶甲科,有大猿叶虫和小猿叶虫两种。我国除新疆、西藏外,各地均有分布,在南方为害较重。主要为害十字花科蔬菜,以幼虫、成虫食叶为害,致使叶片呈孔洞或缺刻,严重时食叶成网状,仅留叶脉及虫粪污染,不能食用,造成叶菜减产。

【形态特征】

(1)大猿叶虫 成虫体长 4.5～5.2 毫米,长椭圆形,蓝黑色。小盾片三角形。鞘翅上散生不规则大而深的点刻,后翅发达能飞翔。幼虫体长 7.5 毫米,体灰黑色中稍带黄色,头部黑色有光泽,各节有大小不等的肉瘤。

(2)小猿叶虫 成虫体长 2.8～4 毫米,近圆形。鞘翅上有细密点刻排成数行,后翅退化、不能飞翔。幼虫体长 6～7 毫米,各节有黑色肉瘤 8 个,瘤上有刚毛(图 8-9)。

【生活习性】 大猿叶虫在北方 1 年发生 2 代,长江流域 1 年 2～3 代,广西 1 年 5～6 代。以成虫在枯叶、土隙、菜叶下越冬,4～5 月份和 9～11 月份是为害盛期,6～8 月份潜入土中越夏。成虫平均寿命 3 个月,多产卵于菜根附近及植株心叶上,堆产(每卵块 20 余粒)。成、幼虫日夜取食,均具假死性。小猿叶虫在南方与大猿叶虫混杂发生,在长江流域 1 年发生 3 代,在广东 1 年发生 5 代,无明显越冬现象,高温期亦蛰伏越夏,成虫寿命更长(平均 2 年),产卵习性与大猿叶虫不同,卵散产于叶柄或叶脉上,先咬一

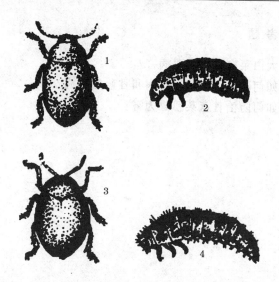

图 8-9　猿叶虫

1～2. 大猿叶虫成虫和幼虫　3～4. 小猿叶虫成虫和幼虫

孔,每孔1粒。其他习性与大猿叶虫相同。

【防治方法】

(1)清洁田园　结合积肥,清除杂草、残株和落叶,恶化成虫越冬条件。或在田间堆放菜叶、杂草进行诱杀。

(2)人工捕杀　利用成虫、幼虫的假死性,以盛有泥浆或药液的广口容器在叶下承接,击落后集中杀灭。

(3)药剂防治　掌握成虫、幼虫盛发期喷施或淋施25％农梦特或氟虫脲或定虫隆3 000～4 000倍液,或21％增效氰·马乳油5 000～6 000倍液,或40％菊·杀乳油2 000～3 000倍液,或50％辛硫磷乳油、90％杀螟丹可湿性粉剂1 000～1 500倍液,或50％敌敌畏乳油、90％敌百虫结晶1 000倍液,每虫期施药1～2次,交替施用,喷匀淋足。

思 考 题

1. 大白菜有哪些主要病害？
2. 如何防治大白菜软腐病和甘蓝黑腐病？
3. 如何防治甘蓝菜粉蝶为害？

第九章　葱蒜类病虫害

第一节　病　害

1. 葱类霜霉病

霜霉病是葱类的重要病害,各地均有发生,危害严重。北方以大葱受害为主,南方以洋葱受害为主。该病除危害大葱、洋葱外,大蒜和韭菜等蔬菜也常有发生。

【危害症状】

(1)大葱霜霉病　鳞茎带菌多系统侵染,病叶灰白绿色,有时出现白霉或白色斑点,严重时叶部扭曲畸形,植株矮小。生长期间感病,叶和花梗病斑椭圆形或长椭圆形,边缘不明显,淡黄绿色至黄白色,长有白霉、紫霉或干枯。叶中间或下部出现病斑,叶垂倒后干枯。假茎早期发病病株扭曲,晚期发病病部破裂并影响种子成熟。

(2)洋葱霜霉病　鳞茎带菌多在葱叶长至 12～15 厘米时发病,叶自下而上逐渐布满淡紫色霉,严重时叶面变浅黄绿色或苍白色,而后干枯死亡。当年病菌侵染,叶和花梗产生淡黄色椭圆或条形病斑,微凹陷,边缘不明显,病部长有白色或淡紫色霉,最后叶和花梗枯萎、腐烂。

【病　原】　由葱霜霉菌侵染引起的真菌病害。

【发病规律】

(1)传播方式　病菌主要以菌丝体在鳞茎里及侧生苗上越冬,或以卵孢子在土壤里或种子上越冬,成为翌年的初侵染源。条件适宜时,经系统侵染或气孔侵入而发病。病部产生的孢子囊借助气流、雨水和昆虫传播,反复进行侵染。

（2）发病条件　孢子囊产生的最适温度为15℃左右,最适空气相对湿度为65％以上,萌发最适温度为10℃左右。因此,低温高湿是此病流行的必要条件。一般白天温暖、晚上冷凉容易结露,或多雨、重雾天气有利于发病危害。此外,地势低洼,土壤黏重,排水不良,大水漫灌及作物生长势较弱等,均可诱发本病。

【防治方法】

（1）选播无病种子并进行种子处理　选地势高燥、没栽种过葱、韭、蒜的田块繁殖种子、种苗。对买来的种子须用50℃温水浸种25分钟,经冷却以后播种。

（2）加强栽培管理　实行2～3年轮作,进行高畦高垄栽培;疏松土壤,及时排涝;避免大水漫灌,防止菜田阴湿;清除病株残体等,均可减轻病害。

（3）药剂防治　初见病株,及时选用40％三乙膦酸铝可湿性粉剂250倍液,50％甲霜•铜可湿性粉剂800倍液,75％百菌清可湿性粉剂600倍液,64％噁霜•锰锌可湿性粉剂500倍液,72.2％霜霉威水剂800倍液,1∶1∶240波尔多液等,每隔7～10天喷1次,连喷2～3次。

2. 葱紫斑病

葱紫斑病又叫黑斑病,各地都有发生,其危害程度因地区或年份而异。该病也常危害大蒜、韭菜和洋葱等蔬菜。

【危害症状】　发病多从叶尖或花梗中部开始向上蔓延,出现紫褐色小斑点,微凹陷,潮湿时长有黑褐色粉霜状物。病斑逐渐扩大呈椭圆形或纺锤形,暗紫色,长有同心轮纹。病斑扩展中常几个相互融合,或环绕叶和花梗,引起折倒,严重时叶大量枯死。鳞茎受害引起半湿性腐烂,收缩变黑。采种株花器受害,影响种子成熟或不饱满。

【病　原】　由香葱链格孢菌侵染所致的真菌病害。

【发病规律】

(1)传播方式　在北方,病菌以菌丝体潜伏在寄主体内和种苗上,或以分生孢子存在于病株残体上越冬。翌年条件适宜,越冬病菌产生新的分生孢子,借风雨传播,经气孔或伤口侵入寄主,引起发病。

(2)发病条件　孢子萌发的最适温度为 24℃～27℃,低于12℃不发病,而温暖、潮湿适宜病害发生。连阴雨天、植株长势弱、田间管理粗放等,是诱发本病的条件。

【防治方法】　①设无病种苗田或无病采种田,采用无病种苗和进行种子消毒。带菌种子用福尔马林 300 倍液浸 3 小时后播种;或鳞茎用 40℃～45℃温水浸泡 1.5 小时后,取出冲洗干净后定植。②加强栽培管理。与葱、蒜、韭菜等作物实行 2 年以上轮作;施足基肥,增施磷、钾肥,提高植株抗病能力;清除病株残叶,减少病原,降低发病率。③药剂防治。病初喷洒 70％代森锰锌可湿性粉剂 500 倍液,或 75％百菌清可湿性粉剂 600 倍液,或 64％噁霜·锰锌可湿性粉剂 500 倍液,或 58％甲霜灵·锰锌可湿性粉剂500 倍液,或 50％异菌脲可湿性粉剂 1 500 倍液,或 4％大富丹可湿性粉剂 500 倍液,每隔 7～10 天喷 1 次,连喷 3～4 次。

3. 韭菜灰霉病

该病在冬春季保护地韭菜普遍发生,是韭菜的主要病害之一。该病造成韭菜叶片枯死或腐烂,严重时减产 30％以上。它不但影响产量,也严重降低韭菜的品质,使韭菜产生异味,降低食用性和商品性。该病除危害韭菜外,还危害大葱、洋葱和大蒜。

【危害症状】　主要危害叶片。发病初期,叶片正面或背面产生白色至浅灰褐色小斑点,叶正面多于叶背面,由叶尖向下扩展,病斑扩大后呈梭形或椭圆形,后期病斑连接成大片枯死斑,致使半叶或全叶枯焦。潮湿时,病部表面密生灰色至灰褐色茸毛状霉层,即病原菌的分生孢子梗及分生孢子。有时割茬刀口处往下呈半圆或倒三角形腐烂,病部表面长有霉层。靠近地面的老叶既不发病,也不呈水渍状深绿色软腐。

【病　　原】　为葱鳞葡萄孢菌真菌,属半知菌亚门真菌。

【发病规律】

(1)传播方式　病菌以菌核和菌丝体随病残体在土壤中或以菌丝体和分生孢子在保护地韭菜上危害和越冬。以菌核在土壤中的病残体上越夏。秋末冬初韭菜扣棚后,得到适宜的温度和湿度,病菌侵染韭菜,开始发病。发病部位产生的病原菌,通过气流、灌溉和农事操作等传播。每次割韭菜都会把病菌散落于植株和土表,同时刀口有利于病菌的侵染。

(2)发病条件　菌丝生长最适温度为15℃～21℃,菌核产生最适温度为27℃,因此温暖、潮湿有利于此病发生。韭菜棚室密闭,棚内温暖,昼夜温差大,湿度大,棚膜滴水,叶面结露,适合病害发生流行。偏施氮肥,浇水过多,土壤湿度大,光照不足等,发病较重。

【防治方法】

(1)栽培抗病品种　如选择栽培克霉1号、791雪韭、黄苗和中韭2号等品种。

(2)加强栽培管理　扣棚后要注意通风换气,避免湿度过大和叶面结露。发病后适当控制浇水,宜勤中耕松土,降低棚内湿度和减少叶面结露。清洁田园,每茬韭菜收割后,都要及时清除残留的病叶,带出棚室外烧毁或深埋,防止病菌蔓延。

(3)药剂防治　发病初期,喷布50%多菌灵可湿性粉剂500倍液,或70%甲基硫菌灵可湿性粉剂800～1 000倍液,每次收割后盖土前喷1次药。必要时还可选用50%腐霉利可湿性粉剂、

50％异菌脲可湿性粉剂、50％乙烯菌核利可湿性粉剂各1 000～1 500倍液,或80％多菌灵可湿性粉剂800倍液,或25％甲霜灵可湿性粉剂1 000倍液,或50％速霉威可湿性粉剂、50％多霉灵可湿性粉剂各1 000～1 500倍液,每667平方米喷药液40～50千克,重点保护心叶和喷洒周围土壤。每7～10天喷1次,连续喷2～3次。此外,可用10％腐霉利烟剂熏蒸,每667平方米用药量250～300克。也可用45％百菌清烟剂熏蒸,每667平方米用250克,在棚室内分放几处,点燃后熏1夜。还可喷撒10％铁灭克粉尘剂,或5％百菌清粉尘剂,或10％杀霉灵粉尘剂等。

4. 韭菜疫病

韭菜疫病各地都有发生。夏季多雨年份发病严重,可减产30％以上,是保护地韭菜的主要病害。该病除危害韭菜外,还可危害葱、洋葱、蒜等。

【危害症状】　根、茎、叶和花茎均可发病,以假茎和鳞茎受害最重。叶和花茎发病多从中、下部开始,初呈暗绿色水渍状,长5～50毫米,有时扩展到叶片或花茎的一半。病部失水后缢缩变细,叶片变黄、凋萎,花茎下垂。空气相对湿度大时,病部软腐,上生稀疏的灰白色霉状物,即病菌的孢子梗及孢子囊。假茎受害,呈水渍状浅褐色软腐,叶鞘易脱落,潮湿时其上也长出白色稀疏霉层。鳞茎被害,根盘部呈水渍状,浅褐色至褐色腐烂。纵切鳞茎,内部组织呈浅褐色,影响植株养分的贮存,使生长受抑,新生叶片纤弱。根部受害呈褐色腐烂,根毛很少。

【病　原】　烟草疫霉,属鞭毛菌亚门真菌。

【发病规律】

(1)传播方式　病菌以卵孢子随病株残体在土壤里越冬,成为翌年的初侵染源。病菌由孢子囊和卵孢子萌发芽管进行初次侵染,病部在潮湿条件下产生孢子囊,借助风雨传播,反复侵染,引起病害流行。

(2)发病条件 田间发病最适温度为 25℃～32℃。空气相对湿度大,发病重。一般雨季长,雨量大,气温高,地势低,易积水,棚室栽培通风不及时或浇水过多,造成高温高湿的环境,均能促使本病发生。

【防治方法】

(1)加强栽培管理 避免常年连作。韭菜畦保持平整,便于排水防涝。保护地采取适时通风排湿等措施,使孢子囊不易萌发,因而可减少病原积累,减轻发病。

(2)药剂防治 发病初期及时喷药,可选用 40%三乙膦酸铝可湿性粉剂 200 倍液,25%甲霜灵可湿性粉剂 750 倍液,64%噁霜·锰锌可湿性粉剂 500 倍液,50%甲霜·铜可湿性粉剂 600 倍液,58%甲霜灵·锰锌可湿性粉剂 600 倍液,70%三乙膦酸铝·锰锌可湿性粉剂 500 倍液,40%三乙膦酸铝可湿性粉剂 250 倍液,72%霜脲氰·代森锰锌可湿性粉剂 500 倍液,72.2%霜霉威水剂 800～1 000 倍液等喷雾,每 667 平方米喷药液 40～50 千克。每隔 10 天喷 1 次,连续喷 2～3 次。

第二节 虫 害

1. 葱 蓟 马

葱蓟马别名棉蓟马、烟蓟马。属于缨翅目蓟马科,是一种世界性害虫,我国各地均有发生。该虫主要为害葱、洋葱、大蒜、韭菜、瓜类、茄子、马铃薯、甘蓝和白菜等多种蔬菜。

【为害症状】 成虫和若虫以锉吸式口器为害心叶、嫩芽。被害叶形成许多细密的长形灰白色斑纹,叶尖枯黄,严重时叶片扭曲、枯萎。

【形态特征】

(1)成虫 体长 1~1.3 毫米，浅黄色至深褐色。翅细长透明，周缘有很多细长毛。

(2)若虫 体形似成虫，1~2 龄无翅芽，3~4 龄翅芽明显。

(3)前蛹 体形似 2 龄若虫，已长出翅芽，能活动，但不取食。

(4)伪蛹 翅芽很大，触角贴在胸部背面。

(5)卵 长约 0.2 毫米，肾形，黄绿色。随着胚胎的发育，逐渐变为圆形(图 9-1)。

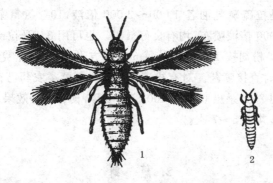

图 9-1 烟蓟马

1. 成虫 2. 若虫

【生活习性】 在北方 1 年可发生 6~10 代。主要以成虫和若虫在未收获的葱、洋葱、大蒜的叶鞘内越冬，前蛹和伪蛹则在葱、蒜地的土壤中越冬。冬季在温室内可继续繁殖为害。成虫善飞、活泼，可借风传到很远的地方。成虫忌光，白天躲在叶腋或叶背处为害。雄成虫极少发生，主要由雌成虫进行孤雌生殖。每头雌虫可产卵 10~100 粒。卵散产在茎叶组织中。初孵幼虫有群集为害习性，稍大后即分散为害。若虫期 10~14 天，2 龄若虫成熟后，入土蜕皮变为前蛹，2 天后再蜕皮变成伪蛹，蛹期 4~7 天。完成 1 个世代需 20 多天。葱蓟马最适宜温度为 23℃~28℃，空气相对湿度为40%～70%,喜温暖和较干旱的环境条件。干旱年份发生重,多雨季节及刚浇水地块发生较轻。暴风雨后显著减少。冬季和早春可为害温室黄瓜。

【防治方法】

(1)加强栽培管理 早春清除田间杂草和残株落叶,可减少虫源。加强水肥管理,使植株生长旺盛,减轻作物受害。

(2)药剂防治 选用50%敌敌畏乳油、40%乐果乳油、50%辛硫磷乳油、50%杀螟丹可溶性粉剂各1 000倍液,40%二嗪农乳油、50%马拉硫磷乳油各1 000～2 000倍液,10%氯氰菊酯乳油1 500～3 000倍液喷布,均有良好效果。也可用3%马拉硫磷粉剂和2%乐果粉剂按1:1混合,每667平方米1.5～2千克,在清晨露水未干时直接喷药。对有机磷及拟除虫菊酯类农药已有抗性的地区,施用25%杀虫双水剂400倍液喷雾,具有良好效果。每隔7天喷1次,共喷5～7次。

2. 葱　蚜

葱蚜别名台湾韭蚜,分布于四川、贵州、北京、辽宁等省(直辖市)。主要为害百合科的葱、蒜、洋葱、韭菜等蔬菜。多以成蚜、若蚜集中在寄主叶片上为害,刺吸植物汁液,造成失绿斑点,严重时整株枯死。

【形态特征】

(1)有翅孤雌蚜 体长约2.4毫米。头、胸黑色,腹部淡色。

(2)无翅孤雌蚜 体长约2.2毫米,卵圆形。头、前胸黑色,中、后胸具黑色缘斑。腹部淡色,有光泽。

(3)有翅孤雌若蚜 体色淡黄褐色,翅芽乳白色显著。

(4)无翅孤雌若蚜 体长卵形,体色由淡黄绿色逐渐变成红褐色。

【生活习性】　1 年发生几十代。在北方,以孤雌若蚜在贮存的蒜、洋葱上越冬。在室内 1 年发生 26～28 代,温度适宜可终年繁殖为害。在露地以春、秋季发生量大,为害严重。若虫 4 龄,初期多集中在植株分蘖处,虫量大时可布满整株。该虫具背光性,一般在背阴处藏匿。有趋嫩性和假死性。

【防治方法】　参见瓜蚜的防治。

3. 韭　蛆

韭蛆别名韭菜迟眼蕈蚊,蚊属双翅目,眼蕈蚊科。北方韭菜产区普遍发生,为害严重。

【为害症状】　以幼虫积聚于韭菜地下部分为害,钻食假茎和鳞茎,致使韭菜叶枯黄而死亡或萎蔫断叶,重者鳞茎腐烂,整墩成片死亡。韭蛆也是平菇、香菇、黑木耳和金针菇等食用菌的重要害虫。

【形态特征】

(1)成虫　是一种黑色小蚊子。雄蚊体长 2～4.8 毫米,雌蚊体长 2.4～5 毫米。雌虫末端细而尖,具 1 对分 2 节的尾须;雄虫末端有 1 对铗状抱握器。

(2)卵　长 0.24 毫米,椭圆形,一端略尖。卵初产时乳白色,后变暗米黄色,近孵化时一端有黑点。

(3)幼虫　老熟时体长 5～7 毫米。体细长,圆筒形。头漆黑色,有光泽,坚硬。口器发达。全身乳白色,半透明。无足。共 12 个体节,胸部 3 节,腹部 9 节,最后 2 节背面具淡黑色"八"字形纹。

(4)蛹　体长 2.7～3 毫米。长椭圆形,裸蛹。初为黄白色,后转黄褐色,羽化前灰黑色。触角达第二腹节,翅达第二腹节。蛹外有椭圆形白色丝茧,较薄(图 9-2)。

【生活习性】　在我国北方,露地菜田 1 年发生 4～6 代,世代重叠。以幼虫在韭根周围 3～4 厘米土中或鳞茎、嫩茎、根茎内休

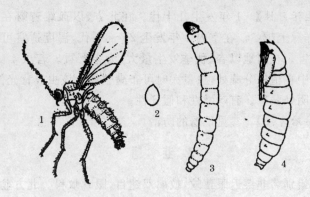

图 9-2 韭菜迟眼蕈蚊
1. 成虫 2. 卵·3. 幼虫 4. 蛹

眠过冬。越冬幼虫多数群集在一起。翌年 3 月份当韭菜萌发时，
幼虫开始活动取食。3 月下旬至 5 月中旬，大部分越冬幼虫移向
地表 1～2 厘米处化蛹，4 月初至 5 月中旬羽化为成虫并交尾产
卵，4～6 月份进入为害盛期，7～9 月份为害较轻，9 月下旬至 10
月中旬再度严重为害。韭蛆在保护地可全年发生，冬季随韭根带
入温室继续为害，12 月份至翌年 2 月份为严重为害期。在四川省
为害盛期为 3～5 月份和 10～11 月份，幼虫 1 月份开始越冬。成
虫喜在阴湿弱光环境下活动，上午 9～11 时为飞翔、交尾盛期，下
午 4 时后至夜间栖息于土缝中。成虫对光和腐殖质有趋性，能飞
善爬行，间歇扩散距离可达百米左右。成虫在地表或土缝中交尾，
可多次交尾，其后 1～2 天产卵。每头雌虫可产卵 100～300 粒。
卵多堆产，少数散产。主要产于韭菜基部、土壤的缝隙、叶鞘缝隙
及土块下。初孵幼虫先为害近地面的烂叶、伤口和幼嫩部分，营半
腐生生活，而后蛀入茎内，再转向根茎下部为害，随寄主腐烂而达
髓部。老熟幼虫多离开寄主到浅土层内做薄茧化蛹。3～4 厘米
土层含水量为 15%～24%，适宜卵的孵化、幼虫存活和成虫羽化，

如土壤过干或过湿均不利于其生长。一般砂壤土有利于韭蛆发生为害。

【防治方法】

(1)加强栽培管理　春天韭菜萌发前,起出韭畦的表土翻晒并晒根,经5～6天可将幼虫干死。覆土前,每667平方米用2%乐果粉剂或5%辛硫磷颗粒剂2千克掺细土后撒于韭菜根附近再覆土。

(2)选用无虫韭根和药剂处理　温室生产盖韭及移栽韭菜时,应选择无蛆鳞茎,或用50%辛硫磷乳油1000倍液浸根杀灭幼虫,防止韭蛆传播。随灌水每667平方米陆续施25%甲萘威可湿性粉剂8千克,或50%辛硫磷乳油1.7千克,或48%毒杀蜱乳油150～200毫克。

(3)药剂防治　在成虫羽化盛期,选晴天上午9～11时选用50%辛硫磷乳油1000倍液,40%菊·马乳油3000倍液,20%氰戊菊酯乳油3000倍液,80%敌百虫可溶性粉剂1000倍液等喷药。在幼虫为害盛期,当韭菜叶尖开始变黄逐渐向地面倒伏时,即应灌药防治,可选用48%毒杀蜱乳油1000倍液,50%辛硫磷乳油500倍液,80%敌敌畏乳油1000倍液,25%喹硫磷乳油1000倍液,50%辛硫磷乳油1000倍与苏云金杆菌乳剂400倍混合液灌根。具体方法是:先扒开韭菜墩附近表土,将喷雾器的喷头去掉旋水片,对准韭根喷灌。每墩灌药液250毫克,随即覆土。连续进行3次适期防治,即可基本控制为害。因韭菜含有挥发油,对药剂有吸附作用,在收割前8～10天应停止用药。禁用对硫磷、甲拌磷、涕灭威等高毒农药。

4. 地 蛆

地蛆又称根蛆,是为害农作物和蔬菜地下部分的双翅目花蝇科幼虫的统称。我国常见的有种蝇、萝卜蝇、小萝卜蝇和葱蝇。蛆是各种蝇类幼虫的总称,其种类很多,因其成虫(蝇)一般不会直接为害蔬菜,为害蔬菜幼苗的是它们的幼虫,所以地蛆列为蔬菜的地下害虫之一。

种蝇在国内普遍分布,主要为害瓜类、豆类、十字花科、葱蒜类等蔬菜。其幼虫主要为害播下的种子和幼芽,使种子不能发芽或幼芽腐烂而不能出苗;也可为害留种株根部,致使根茎腐烂或枯死。萝卜蝇分布于华北北部、东北、西北等地,对十字花科蔬菜,尤其是对秋白菜和萝卜的为害更大。幼虫窜食白菜的根部、茎基部及周围的菜帮,受害轻者菜株畸形或脱帮,产量降低、品质变劣;受害重者幼虫钻入菜心,不堪食用。小萝卜蝇为害仅限于黑龙江省北部,从春天开始为害十字花科蔬菜,秋季常与萝卜蝇混合发生,由叶柄基部和菜心部钻入并向根部啃食。地蛆为害白菜、萝卜造成的伤口,易引起软腐病的发生与流行。葱蝇主要分布于北方及长江流域,其幼虫蛀入洋葱、大蒜及韭菜等的鳞茎,引起腐烂,叶片枯黄萎蔫,甚至成片死亡。

【形态特征】

(1)成虫　体长4～6毫米,体灰黄色至褐色,腹部背面中央有1条隐约的黑色纵纹。

(2)卵　长约1毫米,长椭圆形,乳白色。

(3)幼虫　体长7～8毫米,蛆形,乳白色略带淡黄色;头退化,仅有一黑色口钩。

(4)蛹　长4～5毫米,围蛹,长椭圆形、红褐色,尾部有7对突起(图9-3)。

【生活习性】

(1)种蝇　从黑龙江省至湖南省1年发生2～6代,以蛹在土壤中越冬,早春开始羽化,3月下旬至5月上旬为第一代为害盛期。成虫嗅觉极灵敏,对未腐熟的粪肥、发酵的饼肥及葱、蒜味有明显的趋性。晴天活动频繁,常集中在苗床活动并大量产卵,卵多

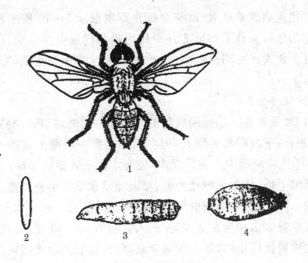

图9-3 地蛆

1. 成虫 2. 卵 3. 幼虫 4. 蛹

产在植株根部附近潮湿的土壤里或黄瓜苗的根部,孵化的蛆即钻入种子里食害胚乳或钻入嫩茎为害。

(2)萝卜蝇 各地均为1年发生1代,以蛹在菜田根际附近浅土层越冬、越夏。成虫产卵期较集中,卵多产于阴湿的土缝中和菜叶基部。幼虫孵化后即钻入白菜、萝卜等叶柄基部取食,再逐步蛀入韧皮部和木质部;当幼虫长至3龄、气温逐渐下降时,即向下蛀食根部,老熟后爬至根际附近土层化蛹。成虫对糖醋液和未腐熟的农家肥趋性强。喜在日出前后、日落前或阴天活动。

(3)小萝卜蝇 1年发生2~3代,以蛹在土壤中越冬,也可在萝卜里越冬。春季主要为害春萝卜和春白菜。成虫产卵于心叶或叶柄基部,初孵幼虫直接钻入菜心,破坏生长点,形成多头菜,又由此向下钻入根部,到秋季常与萝卜蝇混合发生,为害秋菜。

(4)葱蝇 东北地区1年发生2~3代,华北地区1年3~4

代。世代重叠现象严重,以滞育蛹在寄主根际5～10厘米深处越冬。沈阳地区4月下旬至6月中旬为越冬代成虫发生期,山东等省4月上旬为成虫羽化盛期;卵产在洋葱、大蒜植株周围的土缝中或葱苗上。

【防治方法】

(1)农业防治 ①施用腐熟的粪肥和饼粕肥,施肥时要做到均匀、深施,种子和肥料要隔开,可在粪肥上覆一层毒土或拌入少量药剂。②选择晴朗中午前后浇水,使浇水后土表很快干燥,以保证菜根周围干燥,使卵无孵化条件,可避免幼虫钻土为害菜苗。

(2)诱杀成虫 诱液的配制为红糖、醋、水按1∶1∶2.5比例,并加入少量锯末和敌百虫拌匀,放入直径为20～30厘米的诱集盆内。诱液要保持新鲜,每5天加半量,每天在成虫活动盛期打开盆盖。洋葱地内连片诱集是防治葱蝇的有效措施。

(3)药剂防治 当雌、雄成虫比例接近1∶1或成虫数量突增时,即为成虫盛发期,应及时防治。10天内为药剂防治卵和初孵幼虫的适期。防治成虫及初孵幼虫,每667平方米可用2.5%敌百虫粉剂1.5～2千克喷粉,也可用50%马拉硫磷乳油1 000倍液,或80%敌敌畏乳油1 500倍液,或80%敌百虫可溶性粉剂500～1 000倍液喷雾,每7～8天喷洒1次,连喷2～3次。田间发现蛆害株时,可用80%敌百虫可溶性粉剂1 000倍液,或40%乐果乳油1 500～2 000倍液,或50%马拉硫磷乳油2 000倍液灌根,或2.5%溴氰菊酯2 500倍液喷洒菜株间地表和定植前的栽培穴内,以防治幼虫。可用90%敌百虫晶体或40%乐果乳油1 500～2 000倍液浸泡蒜种2分钟,并及时栽种,可有效地防治蒜蛆。

思考题

1. 如何防治韭菜疫病和韭菜灰霉病?

2. 如何防治韭蛆对韭菜的为害?

第十章 绿叶类蔬菜病虫害

第一节 病 害

1. 芹菜病毒病

芹菜病毒病又称皱叶病、抽筋病。全株均可染病。

【危害症状】 病害从苗期开始即可发生,病叶初表现为黄绿色相间的斑驳,也可出现边缘明显的黄色或淡绿色环形放射状病斑。严重时,病叶短缩、向上卷曲,心叶停止生长甚至扭曲,全株矮化。

【病 原】 黄瓜花叶病毒、芹菜花叶病毒。

【发病规律】 病毒由蚜虫传播,汁液也可传毒。苗期高温干旱,栽培条件差,缺肥,缺水,蚜虫多,发病重。

【防治方法】 ①加强水肥管理,提高植株抗病力。②及时避蚜和防蚜。苗期在地面上铺设银灰色反光薄膜,或在植株上方悬挂银灰色反光薄膜驱避蚜虫;蚜虫发生时用药剂防治。③药剂防治。苗期用 83 增抗剂 100 倍液喷雾。发病初期喷洒 20％盐酸吗啉胍·铜可湿性粉剂 500～700 倍液或病毒净 400～600 倍液。每隔 7～10 天喷 1 次,连续喷洒 2～3 次。

2. 芹菜早疫病

芹菜早疫病又称芹菜叶斑病、斑点病,是芹菜的重要病害。我国各地均有分布,但以夏秋露地芹菜和保护地芹菜发生普遍,严重时叶片干枯,叶柄折倒,对产量和品质影响很大。

【危害症状】 主要危害叶片及叶柄。叶片发病，开始出现黄绿色水渍状小斑点，逐渐扩大成圆形或不规则形病斑，边缘一般不明显、黄褐色，中央灰褐色。后期病斑连片，叶片焦枯死亡。环境潮湿时，病部长有灰色霉层。叶柄病斑水渍状，圆形或条斑状，灰褐色凹陷，常常引起叶柄折倒，病部常有灰白色霉层。

【病　　原】 芹菜尾抱菌侵染所致，属半知菌亚门真菌。

【发病规律】

(1)传播方式 病原菌以菌丝体附着在种子或种株或病残体上越冬。分生孢子借助气流、灌溉水和农事操作等传播。

(2)发病条件 分生孢子产生的适温为15℃～20℃，萌发最适温度28℃左右，病害流行适温为15℃～30℃。高温多雨或高温高湿条件有利于病害发生。芹菜栽培中高温高湿，夜间结露重，持续时间长，易发病。尤其在缺水、缺肥、浇水过多或植株生长不良时，发病重。

【防治方法】

(1)选用耐病品种并进行种子处理 从无病株上采种，带菌种子可用48℃温水浸种30分钟，再置于冷水中5～10分钟，然后催芽播种。

(2)加强栽培管理 实行2年以上轮作；合理施肥，注意磷、钾肥的配合使用；合理密植，科学灌溉，防止田间湿度过大；及时清除病株、病叶，带出棚室妥善处理。

(3)药剂防治 发病初期，选用50%多菌灵可湿性粉剂500倍液，或70%甲基硫菌灵可湿性粉剂1000倍液，或77%可杀得可湿性微粒粉剂600倍液喷布。保护地每667平方米可用45%百菌清烟雾剂200克熏烟，或喷撒5%粉尘剂1千克，在傍晚时施药后密闭棚膜。也可用5%百菌清粉尘剂1千克或45%百菌清烟剂200克防治。每隔7～10天防治1次，连续防治2～3次。

3. 芹菜斑枯病

芹菜斑枯病又叫晚疫病、叶枯病，俗称火龙。虽是一般性病害，但局部地区和保护地受害较为严重。其特点是叶柄感染后，产量损失很大，而且贮藏期间可继续危害，降低可食性，其损失不亚于常发性病害。

【危害症状】　芹菜叶片、叶柄和茎均可染病，以叶片为主。老叶最先发病，自下而上、从外向里逐渐扩展蔓延。病斑圆形或近圆形，初为淡褐色油渍状小斑点，边缘深红褐色，且聚生很多小黑粒点，即为病菌的分生孢子器；叶柄、茎部病斑褐色，长圆形稍凹陷，中间散生小黑点。病斑外缘常有一个黄色晕圈，严重时叶枯茎烂。

【病　原】　由芹菜壳针菌寄生引起的一种真菌病害，仅侵染芹菜和根芹菜。

【发病规律】

(1)传播方式　病原菌以菌丝体在种皮或依附在病残组织上越冬。分生孢子经风吹雨溅传播。留种株带病采种时，常将病菌混入种子内，因此苗期即可发病。分生孢子经雨溅或飘落于寄主上，遇水萌发出芽管，由植株气孔或表皮直接侵入，在植物体内大量繁殖扩展后发病危害。

(2)发病条件　发病最适气温为20℃～25℃，最适空气相对湿度为95%以上。一般种植密度大，棚室湿度大，发病重。在连阴雨天，气温波动频繁，或日间燥热、夜间结露，植株长势较弱等，能促使病害迅速扩大蔓延。

【防治方法】

(1)选播无病种子，实行种子处理　用48℃温水浸泡种子30分钟，不断搅动种子使温度分布均匀，取出种子后置于冷水中降温，并经晾干播种。

(2)加强栽培管理　培育壮苗，增强抵抗力。施用农家肥必须经高温腐熟。忌大水漫灌,宜小水勤浇。雨后及时排水中耕,降低田间湿度。清除病株残体,减少病原。保护地注意通风排湿,夜间加强保温。

(3)实施药剂防治 发现病情及时防治,常选用的药剂有75％百菌清可湿性粉剂 600 倍液,64％噁霜·锰锌可湿性粉剂 500 倍液,1∶0.5∶200 波尔多液,40％多硫悬浮剂 500 倍液,每隔7～10 天喷 1 次药,连喷 2～3 次。保护地每 667 平方米可用 45％百菌清烟剂 200～250 克熏烟,或用 5％百菌清粉尘剂 1 千克熏烟,于傍晚密闭棚膜施药。

4. 芹菜软腐病

【危害症状】 主要发生于叶柄基部。初期叶柄基部出现水渍状、淡褐色的纺锤形病斑,后呈湿腐状,发臭,最后只剩表皮。

【病 原】 胡萝卜软腐欧氏杆菌胡萝卜软腐致病型。

【发病规律】

(1)传播方式 病菌在土壤中越冬。从芹菜伤口侵入,借雨水或灌溉水传播。

(2)发病条件 芹菜生长后期在湿度大的条件下发病重。芹菜发生冻害或其他病虫害后,有利于软腐病菌的侵染,因而软腐病发生重。

【防治方法】 ①实行 2 年以上轮作,避免连作,减轻发病。②加强栽培管理。合理浇水、施肥;发现病株及时挖除,并撒生石灰或喷洒福尔马林 20 倍液消毒。发病期严格控制浇水。③药剂防治。发病初期喷洒 72％农用硫酸链霉素可溶性粉剂或新植霉素 3 000～4 000 倍液,或 14％络氨铜水剂 350 倍液,或 95％琥胶肥酸铜水剂 500 倍液,每隔 7～10 天喷 1 次,连续喷 2～3 次。

5. 芹菜菌核病

【危害症状】　芹菜叶、茎均可发病。先在叶上发病,条件适宜时可蔓延至叶柄及茎。受害部初呈淡黄褐色水渍状,湿度大时形成软腐,表面生出白色菌丝,继而形成黑色鼠粪状菌核。

【病　原】　核盘菌,属子囊菌亚门真菌。

【发病规律】

(1)传播方式　病原菌以菌核混在种子中或在土中越冬。分生孢子借风雨传播,侵染叶片。病残体脱落与健叶、茎接触或病叶与健叶、茎接触,导致重复侵染。

(2)发病条件　温度为15℃、空气相对湿度为85%以上时,有利于发病。

【防治方法】　①从无病株采种,或播前用10%盐水选种,除掉菌核,用清水洗净,晾干后播种。②实行轮作,加强田间管理。采用地膜覆盖,在生长期勤松土,及时摘除下部病叶。收获后,及时深翻或灌水,闭棚7~10天,利用高温杀灭土壤中的菌核。③药剂防治。发病初期,每667平方米用10%腐霉利烟剂或45%百菌清烟剂250克熏蒸,每8~10天熏1次,连续施用2~3次。也可喷洒药液防治,具体方法参考黄瓜菌核病的防治。

6. 芹菜根结线虫病

【危害症状】　仅发生于根部,侧根及支根易受害。根部被害部分产生大小不等的瘤状物或根结。根结产生细小新根又被感染后可再形成根结。重病株地上部分生长衰弱、矮小,叶色较淡,干旱时出现萎蔫。

【病　原】　多种根结线虫,属植物寄生线虫。

【发病规律】　线虫可在土壤中或病残体中越冬,翌年条件适宜时从嫩根侵入。地势高燥、土质疏松的中性土壤发病重,黏湿土壤发病轻。

【防治方法】 ①实行 2～3 年轮作,最好是水旱轮作。彻底清除病残体,对重病地块进行大水漫灌,以减少线虫侵染、繁殖。②土壤消毒。开沟深 20 厘米,施氯丙(滴滴)混剂,每 667 平方米施 30～40 千克,覆土 1 天后开沟放气,2～3 天后定植。

7. 莴苣霜霉病

该病为常见病害,各地都有发生,但以多雨潮湿地区危害严重。如南方比北方受害重,引起叶片枯黄死亡,造成一定的产量损失。

【危害症状】 成株期叶片自下而上发病,开始叶片出现淡黄色近圆形病斑,扩展中受叶脉限制呈多角形。潮湿时,病斑背面长有白色霜状霉层;严重时,叶正面也长有白色霉层,病斑扩展相互融合成大片枯死斑,变成黄褐色,最后整片叶干枯死亡。

【病 原】 由莴苣盘梗霉菌侵染引起的真菌病害。

【发病规律】

(1)侵染方式 病菌在南方全年侵染,没有越冬阶段。北方病菌以孢子在土壤里或以菌丝体在种子里越冬,还能以菌丝存在于秋莴笋上越冬。翌年条件适宜时,越冬病菌产生孢子囊,借助风雨或昆虫传播,由孢子囊及其释放的游动孢子萌发芽管,经植株的气孔或表皮直接侵入。

(2)发病条件 孢子萌发适温为 $6℃～10℃$,侵染适温为 $15℃～17℃$。低温高湿是发病的必要条件。春秋季阴雨连绵,栽植过密,定植后过早灌水等,均可诱发病害引起流行。

【防治方法】 ①选用抗病品种。②加强栽培管理。与豆科、茄科等蔬菜进行 2～3 年轮作或套作等,均有减少危害的作用。合理密植,注意排水,避免大水漫灌,适时中耕,清除残株败叶等,均有预防发病的作用。③药剂防治。参见白菜霜霉病的防治。

8. 莴苣菌核病

该病是莴苣重要病害,各地均有发生,但以长江流域和东南沿海地区危害最重,有时甚至成片枯死或腐烂。该病也危害萝卜、甘蓝、白菜、番茄、马铃薯、菠菜、洋葱等蔬菜作物。

【危害症状】 多从茎基部发病,开始形成褐色水渍状病斑,并逐渐上向茎部下向根部扩延,病部组织腐烂,在潮湿条件下表面长有白絮状菌丝,并长有黑色鼠粪状菌核,病株上部很快萎蔫枯死。

【病 原】 核盘菌。

【发病规律】

(1)传播方式 病菌主要以菌核在土壤里越冬。至翌年条件适宜时,菌核萌发产生孢子囊和子囊孢子,经风雨传播,从植株衰老的部位侵入。田间再侵染主要由菌丝接触感染,扩大蔓延。

(2)发病条件 田间发病最适温度为 20℃左右,适宜空气相对湿度为 80% 以上。因此,低温潮湿,多雨积水,植株密度过大等,均有利于该病发生。

【防治方法】

(1)农业防治 选用抗病品种,实行轮作,覆膜栽培;合理施用氮肥,增施磷、钾肥,中耕保墒防湿,清除病株残体;打掉失去光合作用的底叶或病叶,清除出田外,从而促使菜苗健壮,减少菌源,减轻危害。收获后及时进行深耕,使菌核埋入 10 厘米以下土层。以上措施可减轻危害。

(2)药剂防治 成株期可选用 40% 菌核净可湿性粉剂 1 000倍液,70% 甲基硫菌灵可湿性粉剂 800 倍液,50% 多菌灵可湿性粉剂 500 倍液,50% 异菌脲可湿性粉剂 1 000 倍液,50% 腐霉利可湿性粉剂 1 500 倍液,50% 乙烯菌核利可湿性粉剂 1 500 倍液喷雾,每 7~10 天喷 1 次,连喷 3~4 次。

9. 菠菜霜霉病

该病在我国各地普遍发生,夏秋茬菠菜受害严重,常引起病株叶片枯黄,造成产量损失并影响商品质量。此病只危害菠菜。

【危害症状】 主要危害叶片。开始出现浅绿色小斑点,没有明显边缘,逐渐扩大成不规则形病斑。病斑的叶背面长有灰白色霉层,后期变紫灰色。危害严重时,遇干旱病叶枯黄,遇潮湿病叶腐烂。由于病菌系统侵染,病株常出现萎缩状态。

【病　原】 由菠菜霜霉菌侵染引起的真菌病害。

【发病规律】

(1)传播方式　病菌主要以卵孢子和菌丝体在病株上和种子里越冬。于翌年春温、湿度适宜时,越冬病菌产生分生孢子,孢子通过雨水、气流、媒介昆虫和人的活动等方式,扩散病原,并经植株气孔或表皮直接侵入。

(2)发病条件　一般气温为10℃左右、空气相对湿度为85%以上,有利于该病发生。菜田积水、窝风,过早播种和密度过大等,亦是诱发本病的重要因素。

【防治方法】 ①实行2~3年以上轮作。②采取施足基肥、合理密植、避免大水漫灌等管理措施,均可降低发病。早春菠菜返青时发现萎缩植株,须立即拔除销毁,以防止病原扩散。③药剂防治。发病初期喷洒64%噁霜·锰锌可湿性粉剂500倍液,或58%甲霜灵可湿性粉剂500倍液,或50%三乙膦酸铝可湿性粉剂250倍液,或72.2%霜霉威水剂800倍液,或75%百菌清可湿性粉剂600倍液等,每隔7~10天喷1次,连喷2~3次。

10. 蕹菜白锈病

蕹菜白锈病多发生在长江以南地区,大发生年份发病率在50%左右,严重时经济损失可达50%左右,个别地块甚至绝收。

该病已成为蕹菜栽培中的重要病害。

【危害症状】　苗期叶面产生浅黄色斑点,逐渐变成白色疮斑。成株期叶面产生黄色圆斑或不规则形重叠斑,叶背生有白色疮瘢。白疮瘢破裂散发出白色粉末,而后病叶干枯脱落。侵染后遇低温,叶面产生深色小麻点,叶背少见白色疮瘢,叶片常呈新月形或拱形。茎基部或根部感染,产生黄褐色肿瘤,大小不一,无一定形状。发病部位多在上梢和幼嫩组织,老叶和下部组织不易感染。病株叶背或肿茎产生白色疮瘢是本病的特征,可据此做出诊断。

【病　原】　由蕹菜白锈菌侵染而致的真菌病害。

【发病规律】

(1)传播方式　病菌主要以卵孢子在土壤里,也可以菌丝在病残株内或种子上越冬,成为翌年春的初侵染源。春天温、湿度适宜时,病株上的卵孢子或菌丝产生的孢子囊借助风雨传播和扩大再侵染。

(2)发病条件　孢子囊萌发温度为 15℃～35℃,最适温度为 25℃～30℃。一般植株叶面水膜保持 5～6 小时,夜间温度 21℃左右,病原充足,可引起普遍发病。耕地轮作或水淹可降低发病,甚至无越冬卵孢子。品种间抗病性有差异,窄叶型较为抗病。风雨摩擦致伤有促进侵染和发病的作用。

【防治方法】

(1)选种抗病品种　重病区适当选种抗病品种,如引进细叶蕹菜和柳叶蕹菜等品种,具有较强的形态抗病作用。

(2)种子处理　种子是病菌远距离传播的载体,是传病的重要途径。远离病田或病区设无病留种田,确保无病种子下田。也可用药剂处理种子,采用相当于干种重量 0.3％的 35％甲霜灵拌种剂拌种,避免种子带菌。

(3)加强栽培管理　与非旋花科作物间隔 2 年轮作,最好与水稻轮作或用水淹菜地。合理增施氮肥,改善田间通透条件,及时采收,防止植株组织过嫩。发现病叶及时摘除,避免或减少越冬菌源。

(4)药剂防治 病初选用 65％代森锌可湿性粉剂 500 倍液、40％三乙膦酸铝可湿性粉剂 300 倍液,64％噁霜·锰锌可湿性粉剂 500 倍液,58％甲霜·锰锌可湿性粉剂 600 倍液和 50％甲霜·铜可湿性粉剂 700 倍液等喷布,每 7～10 天喷 1 次,连喷 2～3 次。

第二节 虫 害

1. 莴苣蚜

莴苣蚜别名莴苣指管蚜、苦荬菜蚜、台湾莴苣长管蚜等。我国华东、华南、华北、东北等地区均有分布,是莴苣、苦荬菜等菊科蔬菜的重要害虫。成蚜、若蚜群集于嫩梢、嫩叶背、花序和花梗为害。受害后植株萎缩,生长不良,影响产量和质量。

【形态特征】 (1)无翅孤雌蚜 体长 3.3 毫米,体纺锤形,黄褐色至深紫红色,有光泽。

(2)有翅孤雌蚜 体长 3.1 毫米,头、胸部紫黑色,腹部淡紫红色,第七、第八腹背各具一横带。触角比体长。翅脉中脉具三叉。额瘤、腹管、尾片同无翅孤雌蚜。

(3)若蚜 体长 0.8～2.4 毫米,体淡紫红色至紫红色,腹部具黑纹。

【生活习性】 每年发生代数各地不同。浙江省 1 年发生 30 代左右,山东省 1 年发生 10～20 代。在冬暖式温室大棚中,冬季不休眠,可继续繁殖为害。但由于入冬后至 3 月间气温较低,不利于该蚜的繁殖与发育,因而发生较轻。3 月份以后随着气温的升高,莴苣蚜为害日趋加重,到 4 月中下旬达到繁殖为害高峰。5月下旬至6月份越冬寄主老化,产生有翅蚜迁往菊科杂草上为害。9~10月份气温降低,迁往温室中为害秋季寄主植物。在平均气温为16℃~24℃、空气相对湿度为80%~90%的条件下,最适于莴苣蚜繁殖,7~8天即可发育成熟。每头孤雌胎生蚜平均产仔40余头。

【防治方法】 在该虫发生期,加强田间调查。当发现有蚜株率达10%~15%时,应喷布50%抗蚜威可湿性粉剂2000~3000倍液,或2.5%三氟氯氰菊酯乳油2000~3000倍液,或2.5%溴氰菊酯乳油3000倍液,或40%氰戊菊酯乳油6000倍液。

2. 菠菜潜叶蝇

菠菜潜叶蝇属双翅目花蝇科,我国有广泛分布,主要为害菠菜、甜菜等。幼虫潜在叶内取食叶肉,其"隧道"较宽,残留虫粪,留下的表皮呈半透明水泡状。为害严重时全田被毁。

【形态特征】

(1)成虫　体长5~6毫米,灰褐色,胸部背面灰黄色而稍带绿色。

(2)幼虫　老熟时长约7.5毫米,蛆形。腹部末端有7对肉质突起。

(3)蛹　长约5毫米,椭圆形。初化蛹时淡黄褐色,后渐变红褐色,羽化前为黑褐色。

【生活习性】 该虫在华北1年发生3~4代,以滞育蛹在土中越冬。北方于翌年4月中旬至5月中旬成虫开始出现,温暖地区发生较早。因夏季高温干旱不利于成虫活动和各虫态发育,滞育蛹增多,每年春季第一代发生量大。抵抗低温能力较强,在北方为害较重。雌成虫多在上午10时至下午2时产卵,卵产在叶背,通常4~5粒呈扇形排列在一起,每雌产卵40~100粒。初孵幼虫需寻找没有蛀道的叶片钻蛀,天气适宜时需1天时间才能钻进叶肉,这个特性对于药剂防治有利。幼虫也能以腐烂的有机质或粪肥为食完成发育。老熟幼虫在叶内或脱叶入土 5 厘米深处化蛹,越冬幼虫全部入土化蛹,蛹期达半年以上。

【防治方法】 ①进行合理施肥:春播菜地如能在前一年秋、冬季施肥,可以减轻该虫为害。②实施药剂防治,参见豌豆潜叶蝇的防治方法。

3. 蟋 蟀

菜田的蟋蟀以大蟋蟀和油葫芦为主,属直翅目蟋蟀科。油葫芦在国内有广泛分布,近年来在北方为害加重,尤以山东、山西、河北、河南、安徽等省发生较多。大蟋蟀主要分布于南方,其食性很杂,喜食带甜味的作物。对秋季种植的白菜、萝卜、辣椒、瓜类、豆类等为害较重。成、若虫群集啃食幼苗、嫩茎、根尖、花和幼果,造成缺苗断垄、倒伏空棵。

【形态特征】

(1)油葫芦

①成虫:体长 18.9～24.3 毫米,背面黑褐色有油光,腹面为黄褐色。触角丝状细长。前胸背板有两个月牙纹,中胸腹板后缘内凹。前翅约与腹部等长或略短,后翅发达。后足褐色较粗壮。雌虫产卵器细长、箭状,比尾须长。

②卵:长 2.4～3.8 毫米,长筒形,乳白色带微黄色。

③若虫:共 6 龄,形似成虫,无翅或仅有翅芽。

(2)大 蟋 蟀

①成虫:体长 30～40 毫米,暗褐色或棕褐色。触角丝状细长,复眼间具"Y"形浅沟。前胸背板中央有一纵沟,两侧各有 1 个三角形纹。雌虫产卵器比尾须短。

②卵:长约 4.6 毫米,近圆筒形,淡黄色。

③若虫:共 7 龄,形似成虫,无翅或仅有翅芽。

【生活习性】

(1)油葫芦　1年发生1代,以卵在土中越冬。翌年春4月下旬至5月中旬开始孵化为若虫出土,此时若降水较多,则对卵孵化和若虫存活有利。7～8月为成、若虫盛发期,产卵盛期一般在9月上中旬,产卵场所为土壤湿度适宜、软硬适中并有少量杂草的向阳渠埂、田埂、畦背等土壤中1～2厘米深处,卵粒间有土相隔,每头雌虫平均产卵500余粒。成、若虫具背光性,白天多潜伏于土块、土缝及作物、杂草堆下的阴凉处,夜间20～24时取食活动最盛。

(2)大蟋蟀　1年发生1代,以若虫在土穴中越冬。在广东、福建省南部,越冬若虫在3～5月份大量活动为害,5～6月份成虫陆续出现,7月份为盛发期并开始产卵,9月份为产卵盛期。若虫10～11月份出土为害,12月初开始冬眠。成、若虫喜在松粗沙土中挖洞匿居,一般1穴1虫。雌虫产卵于穴底,30～40粒为1堆。卵期15～30天,若虫期8～9个月。初孵若虫常以20～30头一起栖息于母穴中,以母虫准备好的食料为食,不久即分别营造洞穴独居。

【防治方法】

(1)农业防治　中耕除草可破坏栖息场所,秋耕灭卵或把卵翻到深土层中以破坏其繁殖场地。

(2)毒饵诱杀　每667平方米用80％敌百虫可溶性粉剂50克拌炒香麦麸2千克(或用5％辛硫磷颗粒剂1千克拌细土15千克),撒施于田间,如在闷热的傍晚施用效果更好。或利用成、若虫的背光习性,每667平方米设10厘米厚草堆40～50个,在草堆中施放麦麸敌百虫毒饵,可诱杀大量蟋蟀,从而降低田间虫口密度。

(3)实施药剂防治　用有机磷及拟除虫菊酯类杀虫剂,按常用浓度喷雾防治。

思 考 题

1. 如何防治芹菜斑枯病?
2. 如何防治芹菜根结线虫病?